생명감수성 인큐베이팅

생명감수성 인큐베이팅

초판1쇄 발행　2019년 8월 30일
초판3쇄 발행　2024년 2월 26일

지 은 이　김재현, 김춘이, 이인경, 허선호
펴 낸 이　신일희
펴 낸 곳　계명대학교 출판부
출판등록　제347-1998-1호(1970. 9. 1)
주　　소　대구광역시 달서구 달구벌대로 1095
대표전화　053-580-6233
팩　　스　053-580-6235
홈페이지　www.kmupress.com

ISBN 979-11-89468-95-8 03300　정가 13,000원

이 도서의 국립중앙도서관 출판예정도서목록(CIP)은 서지정보유통지원시스템 홈페이지(http://seoji.nl.go.kr)와 국가자료종합목록 구축시스템(http://kolis-net.nl.go.kr)에서 이용하실 수 있습니다. (CIP제어번호 : CIP2019033207)

생명감수성 인큐베이팅

김재현, 김춘이, 이인경, 허선호

계명대학교 출판부

머리말

연탄재 함부로 발로 차지 마라
너는
누구에게 한 번이라도 뜨거운 사람이었느냐
안도현의 "너에게 묻는다" 中

따뜻함이다. 따뜻함은 살아 있음이다. 살아 있음은 생명이다. 이 땅의 모든 생명은 생명이라는 그 이름 하나만으로도 존중받아야 하며 사랑받아야 하고 보호받아야 한다. 그런데 그 생명이 내 옆에서 아파하고 있다. 고통받고 있다. 죽어가고 있다. 본디 생명은 서로 연결되어 있으며 또한 그래야만 온전하게 살 수 있음에도 불구하고 우리는 생명의 소중함과 생명의 연결성을 망각하고 있다. 아니 외면하고 있다.

이러한 현실에서, 생명의 가치와 생명의 상호 연결성을 깨닫고 인식하도록 하기 위한 교육이 절실히 요청된다. 즉, 인간 생명뿐만 아니라 생태계의 모든 생명의 소중함과 상호 연결성을 머리와 가슴으로 깨닫고 느끼게 하기 위한 그 첫걸음이 '생명감수성 인큐베이팅(incubating life sensibility)'이다.

따라서, '생명감수성 인큐베이팅'은 뭇 생명의 아픔과 고통에 공감하고 연민하는 '호모 엠파티쿠스(공감하는 인간)'로서의 인성 함양을 향해서 나아갈 것이다.

이 책은 생명에 대한 다양한 접근을 통해 독자들로 하여금 생명 현상의 본질에 대해 성찰하게 하고 독자들의 생명 이해의 폭을 넓혀 주기 위해서 크게 자연 생태계, 사회 생태계, 문화 생태계라는 세 개의 카테고리로 구성되었다. 그리고 각 생태계 별로 생명의 위기 현상에 관한 진단과 그에 대한 극복 방법을 찾아볼 것이다. 이 책의 이러한 전개는 독자들로 하여금 생명 문제를 보다 실질적으로 느끼게 하고 자신의 문제와 연관 지어 생각할 수 있도록 도울 것이다. 또한 삶의 의미와 행복의 문제에 대한 성찰을 통해 보다 고차원적인 생명 문제에 대한 감수성도 배양될 것이다. 생명에 대한 감수성의 향상은 단지 생명 이해의 향상에만 머무르지 않고 독자들의 인생관 형성과 인성 함양에 도움을 줄 것이다.

이 책은 현재 교육 현장에서 생명감수성 인큐베이팅 강의 및 훈련을 담당하고 있는 저자들의 고민과 마음을 담은 살아 있는 책이다. 귀한 글을 작성해 주신 집필진에게 감사의 마음을 전하며, 아울러 책을 출판하기 위해 마음을 다해 주신 계명대학교 출판부 여러 선생님들에게 깊이 감사드린다.

차례

incubating life sensibility

1

Chapter

왜 생명감수성인가?

1장

왜 생명감수성인가?

1. 생명이 위기에 빠졌다!

인류는 지금 전환기에 서 있다. 세계가 하나된 세계화 시대의 시급한 과제는 '더불어 삶'이다. 민족과 민족이, 나라와 나라가, 인종과 인종이, 동양과 서양이, 남성과 여성이 다름을 수용하며 평화를 정착시키는 상생(相生)하는 지혜가 필요하다. 더 나아가 모든 다른 생명과도 공생하고 생명이 없다고 간주되는 무생물과도 조화를 이루어 살아야 하는 21세기에 분명 화두가 되는 것은 생명일 수밖에 없다.

그러나 오늘날, 외려 생명은 무시되고, 유린되고, 왜곡되고, 파괴되고, 버림받고 있다. 지구 온난화(Global Warming)의 문제가 심각한 수위에 도달해 있다.[01] 지구온난화란 이산화탄소(CO_2)나 메탄과 같은 온실 가스[02]가 늘어나 지구가 비정상적으로 더워지는 현상을 말한다. 이와 같은 지구온난화를 야기해 온 원인은 현대에 들어 폭발적으로 증가한 석탄 및 석유의 사용과 같은 화석연료의 사용과 무분별한 산림훼손이라고 한다. 지구온난화의 결과 북극의 빙하가 녹으며, 해수면이 상승하고, 해안선이 붕괴한다. 몰디브와 투발루가 해수면 상승의 초기 피해지다. 지구 온난화로 말미암아 산불, 폭풍, 강우가 발생하게 된다. 미국은 허리케인 카트리나(Hurricane Katrina) 이후 지구 온난화의 심각성을 체감하게 되었다. 지구온난화의 가장 심각한 결과 중 하나는 물부족이다. 지구온난화의 심각성은 영화 〈불편한 진실〉(2006)과 최근의 〈불편한 진실 2〉(2017)가 잘 보여주었다. 다큐멘터리적 성격을 가진 영화 〈2075 세계 멸망〉(2008)도 지구 온난화의 문제를 경고하고 있다.

그렇다면, 지구 온도가 1도씩 올라갈 때 무슨 일이 벌어지는가?

미국의 환경운동가인 마크 라이너스(M. Lynas)는 《6도의 멸종: 기온이 1도씩 오를 때마다 세상은 어떻게 변할까?》라는 책에서 지구 기온이 1℃씩 오를 때마다 어떤 문제가 발생하는지 자세하게 다루었다.[03]

[그림 1] 위기에 빠진 지구와 지구 생명체

1℃ 상승: 점점 줄어드는 북극의 얼음

2℃ 상승: 환경 변화에 취약한 열대우림 생태계부터 타격

3℃ 상승: 300만 년 전 '플라이오세' 시기 현재 기온이 비슷

4℃ 상승: 남극의 빙붕이 녹기 시작하고, 해수면 급격히 상승

5℃ 상승: 양 극지 빙하 모두 녹고, 지하대수층도 고갈

6℃ 상승: 대부분의 생명체 멸종

IPCC(세계기상기구)는 앞으로 100년 동안 지구 기온이 지금보다 6℃까지 상승할 것으로 보고 있다. 이제 지구온난화로 말미암아 전 지구 생명체의 수명은 100여 년이 남은 셈이다. 개인에게 100여 년은 긴 시간이 되겠지만 전 지구 생명체의 수명이라는 관점에서 볼 때 100여 년은 터무니없이 짧은 시간이다. 이제라도 인류가 새롭게 바뀌지 않는다면 인류뿐 아니라 전 지구 생명체의 미래는 어둡다.

[그림 2] 온난화와 더불어 도래한 사막화의 문제

지구온난화만 문제인 것은 아니다. 환경파괴와 오염의 문제도 심각한

수준이다. 지구의 토양은 계속 황폐화되고 있다. 특히 주의를 끄는 것은 사막화인데, 매일 잠실 주기경장 면적의 2000배, 울릉도의 2배에 가까운 토지가 지구상에서 사라지고 있다. 1년 동안 지구상에서 없어지는 토지가 남한의 60%에 해당한다고 한다. 사막화의 피해가 가장 심각한 곳은 몽골이다. 토양의 황폐화뿐 아니라 수자원의 오염도 커다란 문제이다. 불법 쓰레기 투척으로 말미암아 수질 오염이 심각해져 있다. 미세 플라스틱의 심각성이 보도되어 이 문제의 심각성에 경종을 울리고 있다. 자원도 점점 고갈되고 있다. 광물 자원은 한정되어 있으며 재생 자원도 무한정 재생되는 것은 아니다.

지구상의 생물종도 사라질 위기에 처해 있다. 큰 틀에서 볼 때 가장 심각한 문제는 생물종의 멸종이다. 포유류의 1/4이 멸종 위기에 처해 있다. 이 종들은 자연사율보다 1000배 빨리 죽고 있다. 북극곰, 고래, 돌고래, 판다, 왈라비, 캥거루 등이 멸종 위기에 빠져 있는 대표적인 동물들이다. 현재 하루에도 50종에서 200종의 동식물이 멸종하고 있다고 한다. 그리하여 지구가 '여섯 번째 대 멸종(the sixth extinction)'을 앞두고 있다는 전망이 지속적으로 제시되고 있다.[04] 에드워드 윌슨(E. Wilson)은 "우리는 6천만 년 전 공룡들이 사라진 이후 최대의 소멸 발작(extinction spasm)의 과정 중에 있다"고 말하기까지 한다. 지구상의 동물들도 큰 고통을 겪고 있다. 동물실험, 공장식 농장이 동물들의 고통의 주된 원인이다.[05]

인구증가도 지구생명에 임박한 전 지구적 생명의 위기에 속한다. 오늘날 70억 명의 인구는 곧 90억 명이 될 것으로 추산되고 있다. 대체적으로 세계 인구가 100억 명이 될 때 지구는 감당하기 어려워지기 시작하리라고 예측된다. 인구증가는 교육, 문화, 고용, 보건, 위생, 주택, 식품 등의 모든 개선 노력을 말살시킬 것이다. 이러한 상황에서 새롭게 부상하는 신맬서스 이론은 또 다른 생명죽임을 야기시킬 가능성을 가지고 있다.

21세기에도 전쟁과 테러의 위협은 여전히 계속되고 있다. 그동안 대규모의 세계 대전이 발발한 것은 아니지만 국지적인 전쟁과 분쟁은 계속되고 있다. 지구상의 핵보유 국가들이 보유한 핵이 지구를 여러 번 파괴할 수 있는 가능성을 가지고 있기 때문에 핵은 여전히 인류의 큰 걱정거리이다. 또한 21세기를 열었던 큰 사건이 9.11테러였다는 사실을 상기할 때, 테러는 여전히 인류의 위협으로 자리 잡고 있다. 유럽과 같이 인권이 발전되어 있는 지역도 있지만 인권 상황이 매우 취약한 곳도 아직 존재한다. 여전히 고통받는 소수자들이 있으며, 장애인, 노인, 아동들도 심각한 삶의 위기를 겪고 있다. 가정폭력, 학교폭력, 성폭력 등이 자행되고 있다.

신자유주의에 기반한 경제 논리는 무한 경쟁과 시장 논리를 앞세워 가난하고 힘없는 생명을 담보로 반생명 문화를 광범위하게 확산시켰었다. 또한 생명공학을 21세기 최대의 산업으로 생각하고 생명마저 경제가치로 환원시키고자 하는 시도는 인간의 정체성과 존엄성에 근원적으로 도전하고 있다.

오늘날 생명의 위기는 그 어느 때보다도 근원적이며, 생명의 존엄성은 그 어느 때보다도 크게 손상받고 있다. 이러한 총체적인 생명의 위기와 생명 죽임의 현실을 극복하기 위한 가장 기본적인 발걸음은 생명에 대한 감수성을 인큐베이팅하는 것이라고 할 수 있겠다. 하지만 생명감수성의 필요성을 논의하기 이전에 먼저 도대체 생명이 무엇인가를 깊게 생각해 볼 필요가 있다. 이 감수성은 생명에 대한 감수성이기 때문이다. 생명 감수성 인큐베이팅 수업은 생명과학도 아니고 생명철학도 아니다. 생명에 대한 감수성을 배양하는 것을 목표로 하는 수업이다. 비록 어렵더라도 기본적으로 생명을 둘러싼 기본적인 논의들을 이해하는 학습은 반드시 통과해야 하는 과정이다.

2. 생명이란 무엇인가?

1) 생명의 기적

우리가 숱하게 생명을 보기 때문에 생명은 별반 놀랍지 않은 현상인 것 같다. 우리는 늘 생명현상과 접촉한다. 우선 사람들을 만나게 되고, 반려동물들, 하늘을 나는 새들, 길을 걷다 보면 마주치게 되는 개미들과 벌레들... 심지어 우리의 식탁에서 조차 죽임을 당한 생명을 만나게 된다. 그래서 우리는 놀람을 잊어버렸는지도 모른다. 그러나 당연한 것을 새삼스럽게 바라볼 때 당연한 것은 당연한 것이 아니라 놀라운 것이 된다. 생명! 그것은 경이롭고 놀라운 것이다.

사실 생명의 경이 이전에 존재의 경이를 생각해 볼 수 있다. 우주가 있다는 사실 자체가 경이롭고 놀라운 일이다. 그래서 철학자들은 "어찌하여 도대체 존재하는 것이 있고 오히려 무가 아닌가?"(Warum ist überhaupt Seiendes und nicht vielmehr Nichts?)라고 감탄하며 물었다.[06] 물론 이러한 존재의 신비는 완벽하게 밝혀지지 않은 채로 남아 있다. 존재의 경이도 참으로 놀라운 것이다. 하지만 존재하는 것들 가운데 발견하게 되는 생명의 경이도 인간에게는 진정 놀라운 것이다.

과학자들의 견해에 따르면 우주는 137억여 년 전에 만들어졌다. 그리고 수많은 생명이 살아 숨쉬는 별 지구는 46억여 년 전에 형성되었다. 최근의 과학적 연구에 따르면 생명의 별 지구가 만들어진 것은 여러 가지 우연의 결과이다. 원래 태양계에는 20여 개의 행성이 돌고 있었다고 한다. 그중 몇몇이 충돌하여 합성되게 되었다. 2~3개의 별이 합쳐져서 만들어진 행성도 있고, 화성과 같이 한 번도 충돌하지 않은 별도 있다. 지구도 대략 10여 개의 별이 합쳐져서 형성되었다고 추측된다. 최종적인 충돌의 결과로 만들어진 것이 달일 것이다. 과학적인 차원에서만 본다면 우연이 겹쳐져서 오늘날의 지구의 위치와 크기를 가진 별이 만들어졌다. 지구의 위치와 크기 자체가 말할 수 없이 놀라운 우연이며, 우리에게는 감사한 기적인 것이다.

그뿐 아니다. 과학적인 견지에서 볼 때 생명이 형성될 확률은 극히 낮았다. 대략 46억여 년 전에 생겨난 지구에는 액체 상태인 원시 바다가 있었고, 오랜 시간이 지난 후 거기에서 드디어 최초의 생명체인 세포가 출현하게 되었다. 과학자들은 지구상에 생명이 나타난 연대를 대략 40억 년 전으로 추정한다. 도킨스(R. Dawkins)는 단백질이 자연적으로 형성될 가능성이 10^{20}분의 1의 확률에 가까운 행운이 작용했다고 보았다. 한편 미국의 요키(H. Yockey)는 "지구상에 세포가 출현할 확률"을 10^{78436}분의 1의 확률이라고 주장했다.[07] 얼마나 놀라운 확률이며, 행운이며, 기적인가! 그러므로 모든 생명체는 그 자체로 기적이다.

생명에 대한 감수성은 생명의 기적을 깨달을 때 비로소 첫 출발점을 획득한다. 생명의 경이를 진정으로 알게 될 때 비로소 감수성의 씨앗이 뿌려지게 된다. 그러므로 생명의 기적과 경이를 깨닫는 것은 생명 감수성의 배양에 있어서 매우 중요한 일이다.

2) 생명의 정의

'물은 생명인가? 무생명인가?'라는 물음은 한 사람의 생명의식을 판별하는 좋은 기준이 된다. 김정희에 따르면 주저 없이 물이 무생물이라 대답하면 "학교 교육을 물먹는 스펀지처럼 쑥쑥 흡수한 근대적인 모범생 인간형"이라 말하고, 물은 생명이라고 대답하는 사람이 있다면 그는 "근대 지식의 미신을 탈출한 생명주의자"라고 규정한다.[08] 이러한 규정이 옳은지 그른지 명확하게 알 수는 없다. 그러나 '물은 생명인가?'라는 물음은 생명감수성을 알아보는데 있어서 중요한 물음이다.

하지만 '물은 생명인가?'라는 질문에 앞선 질문이 있다. 바로 '생명이란 무엇인가?'라는 질문이다. 그러나 '생명이란 무엇인가?'라는 생명의 본질에 대한 물음의 답은 쉽게 내릴 수 없다. 생명의 다양한 현상에 대해서는 지금도 계속해서 데이터가 쌓여가고 있지만 여전히 생명의 본질에 대해서 규정하기란 요원한 것이다. 그 때문에 누구나 인정할 수 있는 생명의 정의를 말하는 것도 어렵다.

우리가 잘 알고 있고 친숙하다고 생각하지만 막상 물어보면 잘 대답 못하는 개념들이 있다. 생명도 그중 한 가지이다. 누가 나에게 생명에 대해서 물어보기 전에 나는 당연하게 생명을 안다고 생각한다. 그러나 누가 나에게 생명에 대해서 물어본다면, 즉 "생명이란 무엇인가?"라고 물어본다면 그 물음이 생경하고 당혹스럽다고 느껴질 것이며, 대답하기 어렵다고 느낄 것이다. 하지만 이러한 생경함과 당혹스러움은 부정적인 현상만은 아니다. 생명의 본질에 대한 물음 앞에서의 난처한 감성은 우리가 생명에 대한 예민한 감수성을 느끼게 되는 첫 번째 발걸음일 수 있기 때문이다. 우리는 생명의 기적과 경이 앞에서 감탄하고 경악할 필요가 있듯 '생명이란 무엇인가?'라는 근본적인 물음 앞에서 당혹하고 난처함을 느낄 필요가 있다. 이러한 과정 역시 생명에 대한 새로운 감수성을 일깨우는 데 도움이 되기 때문이다. '생명이란 무엇인가?'라는 물음은 조별활동을 통해서 더 깊게 다루어질 것이다.

오늘날의 많은 사람들은 '생명이란 무엇인가?'라는 물음에 대한 답을 과학에서 찾을 것이다. 생명에 대한 로위(G. W. Rowe)의 정의는 대체적으로 공감을 얻고 있는데, 그는 생명을 대사(metabolism), 생식(reproduction), 진화(evolution)라는 세 가지 특징으로 정의한다. 대사는 생명체가 주변으로부터 에너지를 받아들여 이를 자신이 생명유지를 위해 사용하는 것을 뜻한다. 생식은 자기복제 능력을 의미하며, 생명체는 생식을 통해 자신의 유한성을 극복한다. 진화란 환경 변화에 대해서 적응하고 자신을 변화시켜나가는 것을 뜻한다.

하지만 대사, 생식, 진화라는 간단한 정의는 현대의 다양한 생명 정의의 노력을 다 포괄하지 못한다. 로위의 정의 이후 많은 사람들을 여전히 생명 현상을 정의하려 했었다. 브리테니커 백과사전에는 그러한 정의들을 6가지로 분류한다. 장회익은 브리테니커 백과사전의 생명에 대한 6가지 정의를 아래와 같이 요약한다.[09]

— 대사적 정의

이 정의는 생화학자들과 일부 생물학자들이 선호한다. 살아있는 체계란 일정한 경계를 가지고 주변과의 사이에 지속적으로 특정 물질을 교환하면서도 적어도 일정 기간에는 그것의 일반적 성질에 변화가 없는 대상이다. 그러나 예외도 있다. 종자나 포자(spore)는 저온에서 수백, 수천 년간이나 대사 작용을 멈추고 보존된다. 반면 촛불은 일정한 경계를 가지고 대사와 흡사한 작용을 한다. 이런 사실들이 이 정의의 약점이다.

— 생리적 정의

가장 대중적인 정의이다. 생명은 먹고, 신진대사를 하고, 배설하고, 숨쉬고, 움직이고, 자라고, 생식하고, 자극에 반응하는 등의 기능을 할 수 있는 체계로 정의된다. 그러나 이것이 가진 문제점도 많다. 이런 기능들 중 일부는 (아무도 살아있다고 보지 않는) 자동차에도 있고, (누구나 살아있다고 인정하는) 유기체들 중에는 그런 기능의 일부를 결여한 것도 많다.

— 생화학적 정의

분자생물학적 정의라고도 하는 이 정의는 생명을 핵산 분자 안에 각인된 복제 가능 유전정보를 품고 있으면서 효소라고 알려진 단백질 촉매를 통해 화학반응 속도를 조정하여 대사 작용을 하는 체계로 정의한다. 여기에도 문제점이 있다. 바이러스 같은 병원체인 프리온(prion)은 핵산을 포함하지 않지만 숙주인 동물 세포 안에서 증식할 수 있다. 또 살아있지 않은 것으로 인정되는 RNA 분자들은 시험관 안에서 복제도 하고 변이도 일으키며 진화할 수 있다. 그리고 인간에 의해 아무리 생명과 유사한 체계가 만들어졌다고 하더라도 이것이 이러한 화학적 구성을 가지지 않았다면 생명이 아니라고 봐야 하는 문제가 있다.

— 유전적 정의

이것은 복제 가능성에 가장 큰 의의를 두는 정의이다. 여기서 생명은 자연선택에 의해 진화가 이루어지는 체계로 정의된다. 복제되는 성분들에 의존하는 생식 체계로 규정하는 이 정의는 이러한 기능을 가지는 인공적 기계가 출현할 때 이를 생명이 아니라고 배제하지 않는다. 그러나 생명을 단순히 생식이 가능한 존재로 정의한다면, 노새를 비롯한 일부 생명체들은 이 규정에 의해 생명에서 배제된다. 한편 모든 복잡한 체계는 자연선택 없이는 출현할 수 없을 것이라는 점이 유전적 정의가 취하는 기본 취지이다.

— 열역학적 정의

여기에서는 조직의 형성과 유지라는 관점에서 생명을 조직의 지속적 유지와 증진이 가능한 국소 영역으로 정의한다. 그러나 이것이 열역학 제2법칙에 위배되지 않기 위해서는 에너지와 물질이 드나드는 열린계(open system)를 이루어야 한다. 그러나 열린계의 열역학적 과정이 복제(replication) 없이 생물 체계와 같은 복잡성에 도달할 수 있을지는 의심스럽다. 어쨌든 생명이 보여주는 이런 복잡성은 에너지 전환 과정에 나타나는 열역학적으로 선호되는 통로의 일부로 복제라는 것이 작용한 결과임에 틀림이 없다.

— 자체생성적 정의

이 새로운 정의는 자체 생성성이라는 개념에 바탕을 둔다. 이 정의는 생리적 정의와 흡사하지만 자신을 유지한다는 데 강조점을 두고 있다. 정보적 내부 결속(informational closure), 자동제어적 자체 연결성(cybernetic self-relatedness), 그리고 자신을 더 늘려 나가는 능력 등이 그것이다. 자체생성성은 자체 생산, 자체 유지, 자체 수선 등 생명 체계의 자체 관련 측면들을 말한다. 살아있는 존재는 화학 성분들의 지속적인 흐름과 교환을 통해 자기 형태를 보존한다. 세포 단위의 자체생성적 체계는 자기 자신에 의해 만들어진 동적 물질(dynamic material)에 의해 구획된다.

대사적 정의, 생리적 정의, 유전적 정의는 다소 오래 전부터 생명의 본질로 간주되어왔었다. 비교적 최근에는 열역학적 정의(E. Schrödinger), 생화학적 정의(J. Watson, F. Crick), 자체생성적 정의(H. R. Maturana, F. J. Varela)가 각광을 받고 있다.

린 마굴리스(L. Margulis)와 도리언 세이건(D. Sagan)은 여러 과학자들이 생명을 정의한 것을 총괄하면서 아래에 인용된 글을 썼다.[10]

> 그렇다면, 생명이란 무엇인가?
>
> 생명은 지구에 충일한 하나의 태양 현상이다. 생명은 지구의 대기와 물, 태양이 세포로 바뀐 천문학적으로 극히 국한된 변성이다. 그것은 성장과 죽음, 처리와 배제, 변화와 부패가 뒤얽힌 복잡한 패턴이다. 생명은 다윈의 시간을 통해 최초의 박테리아와 연결된, 그리고 베르나드스키의 공간을 통해 생물권의 모든 주민들과 연결된, 팽창하고 있는 하나의 조직체이다. 신이고 음악이고 탄소이고, 에너지로서의 생명은 성장하고, 융합하고, 죽어가는 존재들의 소용돌이치는 연계이다. 그것은 피할 수 없는 열역학적 평형의 순간(죽음)을 무한정 앞지르기 위해 자신의 방향을 정할 수 있는 억척스런 물질이다. 생명은 또한 우주가 인간의 형태로 그 자신에게 던진 질문이다.

생명에 대한 과학의 정의는 주목할만하며 극히 중요하다. 진교훈은 생명의 개념 자체가 정의하기에 난점을 가지고 있으며, 과학자들의 생명

정의에 한계가 있음을 주장한다. 과학자들의 생명의 정의가 생명의 본질을 다 보여주지 못한다는 것이다. 그는 자연과학적인 생명의 정의는 생명이 지닌 영적인 측면을 놓친다고 본다. 진교훈은 "우리는 자연을 설명하고 정신적 생명을 이해한다"는 딜타이(W. Dilthey)의 주장을 빌려와 생명은 설명될 수 없고 다만 이해될 뿐이라고 주장한다. 그래서 진교훈은 생명의 신비를 강조하며, 생명의 의미, 가치, 존귀함을 강조한다. 진교훈은 생명에 대한 문학적 종교적 접근의 측면을 강조한다.[11]

[그림 3] 토마스 만 기념물

그런 면에서 문학이 생명을 어떻게 설명하는가를 보는 것도 중요하다. 생명의 정의의 문제는 문학가에도 영감을 주어 토마스 만(T. Mann)은 소설 《마의 산》에서 '생명이란 무엇인가?'라는 질문에 문학적으로 대답했다.

생명이란 무엇인가? 아무도 그것을 몰랐다. 생명은 생명으로 된 순간부터 자신을 의식하고 있음에는 틀림없지만 자신이 무엇인가는 알고 있지 않았다. ... 생명은 물질도 아니고 정신도 아니었다. 둘 사이의 중간물로서 폭포에 걸린 무지개처럼, 또는 불꽃처럼 물질을 통해 전달되는 한 현상이다. 생명은 물질은 아니지만, 그러나 욕망과 혐오를 느낄 정도로 민감하고 자신을 감지할 수 있게 된 물질의 음탕한 모습, 존재의 음란한 형식이었다. 또한 그것은 만물의 순결한 냉기 속에서 타오르는 비밀스러운 운동이며, 영양 섭취와 배설의 음탕한 불결이며, 어떻게 생겨나고 만들어지는지도 확실하지 않은 불순물과 이산화탄소를 내보내는 호흡이었다.

생명의 정의와 관련하여 생명을 정의하는 것 자체가 잘못된 것이며 사실상 반생명적이라는 주장이 제기될 수 있다. 진교훈은 생명에 대한 정의를 내리는 일에 반대입장을 표명한다. "우리는 이제 생명이 무엇인가라고 물을 것이 아니라 우리는 어떻게 생명의 존귀함을 이해하고 어떻게 생명을 고양시킬 수 있는가를 물어야 할 것이다"라고 주장한다.[12]

3. 생명 이해의 역사

생명을 정의하려는 노력을 살펴보면 생명의 정의가 간단하지 않고, 생명의 본질에 대한 견해가 다양하고 풍성함을 알 수 있다. 생명은 그토록 다차원적인 것이다. 그 때문에 생명이라는 개념도 시대를 거치면서 서로 다른 방식으로 이해되어 왔다. 허라금은 생명 개념의 변천에 대해서 다음과 같이 말한다.[13]

> "생명"이란 단지 주어진 자연이 아니라 사회 · 문화적 맥락 속에서 그 의미를 변화시켜온 역동적 개념이다. 개념은 단지 추상적 차원에 머무는 것이 아니라 세계를 이해하는 틀로서 기능하며 그것은 세계를 주조하는 힘을 발휘하면서 구체적 현상에 실제적 영향을 발휘한다. 그렇기 때문에 어떤 이해 방식을 추구할 것인가의 문제는 단지 인식의 차원에 머무는 것이 아니라 실천적 차원의 문제이다. 이것은 생명 연구가 추상적 보편의 관점에서 진행되기보다는, 사회적 관계 속에 다르게 위치하게 되는 차이 등을 면밀히 검토하는데서 출발할 것을 요구한다. 생명에 대한 이해는 객관적으로 파악되고 접근되어야 할 진리로서가 아니라 제반 권력 관계 속에서 형성된 사회 문화적 구성물이라는 전제 위에서 접근될 필요가 있는 것이다.

그러므로 생명 이해의 역사, 그리고 생명의 개념사를 간략하게나마 고찰해 볼 필요가 있다. 따라서 아래에서는 서양을 중심으로 생명 개념을 간략하게 서술해 보고자 한다.

1) 고대의 생명 이론

서양 문명이 유대-기독교를 중심으로 하는 헤브라이즘과 그리스-로마를 중심으로 하는 헬레니즘의 결합을 통해 이룩되었다는 것은 주지의 사실이다.

고대 헤브라이즘 전통에서 생명은 주로 히브리어 네페쉬(נֶפֶשׁ)와 그리스어 프쉬케(ψυχή)로 대변된다. 이 단어는 영혼과 생명 양자를 의미한다. 구약성서에서는 창세기의 창조 내러티브에서 하나님이 인간을 만들 때 생기를 코에 불어 넣었는데, 그를 통해 인간이 살아 있는 영혼이 되었다고 말한다(창2:7). 여기에서 "살아있는 영혼"은 네페쉬 하야(נֶפֶשׁ חַיָּה)라는 말로 인간과 동물에 대해서 함께 사용하는 말이다. 이러한 영혼, 생명, 목숨을 뜻하는 말이 점차 발전하여 더욱 포괄적인 생명을 의미하게 된다. 프쉬케는 느낌과 욕망, 인간의 자기(selfhood), 심지어 영적인 본성까지 담지하는 것으로 여겨진다.[14] 플레처에 따르면 신약성서에서 생명의 원리는 영혼(ψυχή, soul)이라기 보다는 영(πνεῦμα, pirit)이다. 영의 원리 안에서 영혼이 육체에 작동하며 그러한 상태를 조에(ζωή)와 비오스(βίος)라고 부른다. "영"이 강조되는 것이 헤브라이즘 중 신약성서의 특징이다.

고대의 헬레니즘 전통에서 생명을 표현하는 단어는 세 가지가 있었다고 할 수 있다. 프쉬케, 조에, 그리고 비오스이다. 프쉬케는 영혼과 생명을 동시에 의미하는 단어였다. 또한 어떤 면에서는 프쉬케가 조에보다 더 포괄적인 의미영역을 가지고 있었다.[15] 고대인들에게 생명이 있다는 것은 영혼을 가지는 것을 의미했었다. 영혼의 가장 중요한 특성은 스스로를 움직일 수 있는 것이었다. 그래서 탈레스 같은 경우에는 자석이 스스로 움직이기 때문에 생명이 있다고 생각했었다. 프쉬케 이외에도 조에와 비오스가 함께 사용되었다. 아감벤(G. Agamben)의 논의에 따르면 "조에는 모든 생명체(동물, 인간 혹은 신)에 공통된 것으로 살아있음이라는 단순한 사실을 가리켰다. 반면에 비오스란 어떤 개인이나 집단에 특유한 삶의 형태나 방식을 가리켰다."[16]

고대의 그리스인들은 대체로 우주 전체와 분리되지 않는 전일적인 생명관을 가지고 있다고 생각했었다. 그들은 우주라는 몸의 영혼격인 '세계영혼'이 있다고 생각했다.

고대의 생명 이론을 대표할 수 있는 인물은 아리스토텔레스이다. 아리스토텔레스에 따르면 개별생명들이 존재하는데, 그것은 식물의 영혼, 동물의 영혼, 인간의 영혼으로 구분될 수 있다. 영혼의 최하위 형태는 영양적 영혼 혹은 식물적 영혼으로 소화 및 생식 활동을 한다. 그보다 상위의 영혼은 감각적 영혼 혹은 동물적 영혼이다. 이는 감관지각, 욕구, 그리고 공간의 이동이라는 세 가지 능력을 행사한다. 동물적 영혼보다 등급이 더 높은 영혼은 인간의 영혼이다. 여기에는 지성과 추리력, 학문적 사유능력과 숙고 능력이 추가된다.[17]

2) 중세의 생명 이론

중세 시대에는 창조론이 지배적이었다. 창조론에서 생명은 신의 피조물로 이해되기 시작했고, 이러한 사고방식은 생명을 기계적 매커니즘으로 이해하게 하는 데 뿌리가 되었다.

3) 근대의 생명 이론

근대적 생명관은 수학과 자연과학의 영향을 많이 받았다. 그리고 전체 우주를 전일적으로 바라보는 관점이나 우주영혼이라는 관점으로부터 벗어나 개체적인 몸과의 관계에 초점을 맞추었다. 근대적 생명관을 대표할 수 있는 사람은 데카르트(R. DesCartes)이다. 그는 신을 무한실체로, 정신과 물체를 유한실체로 규정했다. 데카르트에 따르면 정신은 사유하는 것(res cogitans)이며, 물체는 연장을 갖는 것(res extentia)이다. 데카르트에 따르면 정신에는 연장이 없고 물체에는 사유가 없다. 일종의 정신과 물체(신체)의 2원론이 형성된 것이다. 데카르트는 인간이 정신과 신체의 결합체라고 생각했다. "기계껍질 속의 유령"(ghost in the shell)이 바로 데카르트가 생각했던 인간인 것이다. 물론 이때의 결합이 선원과 배가 결합한 것과 같은 그런 결합은 아니다. 배에 구멍이 나도 선원이 느끼지 못할 수 있다. 정신과 신체는 그보다 더 밀접하게 결합되어 있다. 데카르트는 연장으로서의 신체가 기계와 다를 바 없다고 보았다. 이런 면에서 정신 이외의 인간의 몸은 기계에 불과하다. 데카르트는 "인간 신체라는 기계"를 이야기하고 있는 것이다. 데카르트는 다음과 같이 말한다.[18]

톱니바퀴와 추로 되어 있는 시계가 잘못 만들어져서 시간을 정확하게 가리키지 않을 때에도 제작자의 의도를 완전히 충족시키고 있을 때 못지않게 자연의 법칙을 정확히 지키고 있듯이, 내가 만일 인간의 신체의 뼈, 신경, 근육, 혈관, 혈액 및 피부로 잘 짜여진 일종의 기계로 간주하고, 정신이 이 속에 전혀 깃들어 있지 않아도 내 신체가 의지의 명령 없이 행하는 운동 및 정신으로부터 야기되지 않는 운동과 동일한 운동을 이 기계가 하고 있다면 인간 신체도 자연의 법칙을 정확히 지키고 있는 것이다.

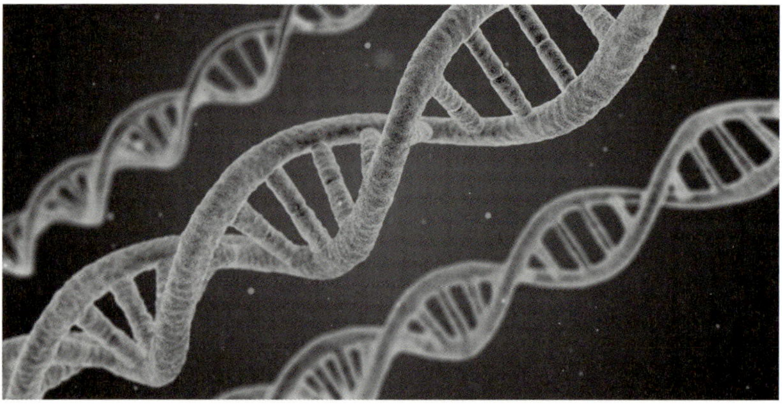

[그림 4] 현대 생명이론의 획기적 발견인 DNA 이중나선 구조

이런 생각의 논리적 결과는 정신을 가지지 못한 동물을 기계로 보는 것이다. 이것이 이른바 데카르트의 〈동물 기계론〉이다.

데카르트의 영향을 받은 자크 드 보캉송(Jacques de Vaucanson)은 오리 기계를 그렸는데, 데카르트에 따르면 살아있는 오리나 오리 기계는 큰 차이가 없다. 전자는 신이 만든 기계이며, 후자는 인간이 만든 기계라서 전자가 더 뛰어날 뿐이다.

데카르트의 이론은 근대적인 생명 이해 전반에 걸쳐서 큰 영향력을 행사했지만 동물을 철저하게 기계로 파악함으로써 동물운동 진영의 학자들의 경악과 분노를 자아내었다. 동물해방의 관점에서 보면 데카르트의 철학은 동물에게 가장 가혹한 형태를 출현시켜 준 것이다. 피터 싱어는 "17세기 전반 르네 데카르트의 철학에는 기독교를 추종함으로써 나타날 수 있는 최종적이고도 가장 기이한, 그리고 –동물에게는 – 가장 고통스러운 결과가 담겨져 있었다"고 평가하였다.[19]

데카르트의 〈동물 기계론〉에서 한 걸음 더 나아가게 되면 라 메트리(La

Mettrie)의 〈인간 기계론〉에 이르게 된다. 인간의 정신적 작용도 기계적 매커니즘의 결과에 다름 아니다. 이러한 인간 기계론은 일종의 범-기계론으로서 근대적 기계적 생명관의 극점이라고 할 수 있을 것이다.

근대에는 기계론적 관점을 비판한 생기론자들이 있었고, 따라서 생기론과 기계론의 대립이 있었다. 생명을 생기론적으로 이해한 사람들은 생명이 기계적 매커니즘으로 다 이해되고 해소되는 것이 아니라고 주장했다. 알기 쉬운 사례로 설명하자면, 라디오는 분해했다가 재조립하면 다시 라디오가 되어 정상적으로 재작동 되지만, 개구리를 해체하고 다시 조립하게 되면 개구리는 죽는다. 즉 생명은 기계론적으로 다 설명할 수 없는 잉여적인 의미가 있기 때문에 기계론적으로 생명을 파악하는 것에는 한계가 있다는 것이다. 그러나 전체적으로 생명탐구는 기계론적 방향을 취하게 된다.

4) 현대의 생명 이론

현대의 생명 이해에 큰 영향을 끼친 인물로 슈뢰딩거를 거론할 수 있다. 그는 양자역학을 대표하는 유명한 물리학자였는데, 생명이란 무엇인가?라는 유명한 대중강의를 하고, 그것을 책으로 발표했다. 그의 책은 특별히 DNA의 발견자들에게 영감을 주었고, 여러 분자생물학자들에게 큰 영향을 끼쳤다. 슈뢰딩거는 열역학 제2법칙의 견지에서 생명을 이해하려 한다. 그는 "생명은 질서가 무질서로 전환하는 경향에만 근거하는 것이 아니라 계속 유지되고 있는 질서에도 부분적으로 근거하는 물질의 질서정연하고 규칙적인 현상인 것이다"라고 말한다.[20] 죽음은 최대 엔트로피의 상태이다. 무생물체는 매우 빠르게 이러한 상태에 도달한다. 그러나 살아있는 유기체는 평형이라는 불활성 상태로부터 벗어나 있다. 슈뢰딩거는 생명이 이렇게 평형을 벗어날 수 있는 이유를 '대사'에서 찾는다. 생명에서 중요한 것은 음식이다. 음식이 죽음으로 가는 것을 막아 주고 생명을 유지시켜 준다. 슈뢰딩거는 '대사'를 열역학적 차원에서 이해한다. 그는 그것을 아래와 같이 설명한다.

살아있는 유기체는 계속해서 자체 내의 엔트로피를 증가시켜(어떤 사람은 양의 엔트로피를 만든다고 할지도 모른다) 죽음을 뜻하는 최대 엔트로피의 위험한 상태로 다가가는 경향을 나타내게 된다. 그러므로 유기체는 환경으로부터 계속하여 음의 엔트로피를 얻어야 죽음에서 벗어나, 즉 살아있을 수 있다. 음의 엔트로피는 우리가 곧 보게 되는 바와 같이 매우 긍정적인 의미를 가진다. 유기체가 먹고사는 것은 음의 엔트로피이다.

슈뢰딩거의 생명 이해는 엔트로피의 원리와 불가결의 관계를 이루고 있다. 우주의 원리는 죽음으로 가는 것이다. 이러한 물리학적 발견의 결과는 자살을 불러오기도 했었다. 그러나 생명은 그러한 엔트로피의 도도한 흐름을 대사를 통해 거스르는 것이다.

무엇보다도 현대의 생명 이해에 있어서 가장 큰 혁명적인 사실은 DNA의 발견일 것이다. 왓슨과 크릭의 발견은 그야말로 생명 이해의 새로운 전망을 열어 놓았다. 이후 게놈 프로젝트를 통해서 생명공학의 새로운 시대가 도래하게 되었다. 도킨스는 DNA에 관한 흥미로운 저작인 이기적 유전자를 출판하여 일반인들로 하여금 유전자를 이해하도록 도왔다. 도킨스는 생명의 주체를 유전자로, 생물은 유전자의 '생존 기계(survival machine)'로 묘사한다.[21] 실로 가공할만한 사상이다. 생물의 일종인 사람은 유전자가 사용하는 옷과도 같은 존재이고, 인간의 탄생과 죽음, 사랑과 노화도 오로지 자신의 생존만을 모색하는 이기적 유전자의 생존을 위해서 사용된다는 주장을 하고 있다. 유전자가 최고로 발달시킨 것이 바로 뇌인데, 그만 뇌가 유전자를 발견하는 놀라운 일이 벌어졌다는 것이다. 이제는 유전자와 뇌의 싸움이 지구상에서 벌어지고 있다. 우리는 유전자의 '생존기계'라는 생명의 정의를 받아들일 수 있을 것인가? 도킨스의 저서는 큰 영향을 주어 과학고전의 위치를 점하게 되고 많은 사람의 인생을 바꾸어 놓았다.[22] 그러나 그의 저서에는 문제점도 있다. 생명의 현상을 유전자에 집중시키고, 그 유전자에 이기적이라는 은유적 표현을 가미하여 유전자에 대한 오해를 불러일으키기도 한 것이다. 유전자가 생명의 비밀을 담지하고 있는 것은 사실이지만, 유전자=생명인 것은 아니다.

영국의 과학자 러브록(J. Lovelock)이 주장한 가이아 가설(Gaea Hypothesis)도 현대의 주목할만한 생명 이론이다. 러브록은 지구를 하나의 생명체로, 자가 조절적인 생명 체계(self organizing system)로 본다. 그에 따르면, 지구상의 바다, 암석, 대기권도 가이아의 일부이다. 가이아 가설의 핵심은 지구가 하나의 거대한 유기체라는 것이다. 러브록은 가이아가 무의식적이지만 능동적으로 조절하는 체계를 가지고 있어 소행성 충돌이나 오존층 파괴 등의 위협에 충격을 완충해 주는 역할을 해 오고 있다고 주장한다.[23]

장회익의 '온생명'(global life) 학설도 널리 각광받는 가설이다. 한국의 과학자가 제시한 학설이지만 세계적으로 영향력을 발휘하고 있는 생명 이론이다. 장회익은 지금까지의 생명 정의가 '낱생명'을 염두에 두고 행한 정의라는 점을 강조한다. 그래서 그는 온생명(낱생명+보생명)이라는 새로운 생명 단위를 소개한다. 온생명은 햇빛의 에너지를 받아 생겨난 지구상의 생명이다. 장회익은 온 생명이 대략 35억 년~40억 년의 나이를 가지고 있다고 추정했다.[24]

3. 왜 생명감수성인가?

생명감수성이라고 할 때, 먼저 감수성(sensibility)이 무엇인가를 살펴볼 필요가 있다. 감수성의 사전적 정의는 외부의 자극에 민감하게 반응하는 성질이라고 할 수 있다. 우리는 어떤 자극을 민감하게 받아들일 수도 있고, 둔감하게 받아들일 수도 있다. 예를 들어, 길을 가다 문득 벌레를 밟았고, 그 벌레는 죽었다고 생각을 해 보자. 이를 둔감하게 받아들이며 별일 아닌 것으로 생각하는 사람은 감수성이 다소 부족한 사람일 것이다. 그러나 벌레의 죽음도 민감하게 반응하며 받아들이는 사람은 감수성이 예민한 사람일 것이다.

생명감수성 인큐베이팅은 총체적인 생명죽임의 현실에서 그 기본적인 대안으로 생명에 대한 감수성을 배양하는 것의 중요성을 강조하고자 한다. 정보에 대한 학습보다는 감수성의 개발이 더 긴급하다고 판단한 것이다. 물론 정보의 습득과 감수성의 개발이 반드시 서로 대립되는 것은 아니다. 정보의 습득이 감수성의 변화를 일으키기도 한다. 수업에서도 그러한 측면이 담겨 있다. 하지만 수업의 궁극적인 목적은 정보의 습득이 아니라 감수성의 변화, 감수성의 배양이다.

생명감수성을 설명하자면 다음과 같이 설명할 수 있겠다.

모든 생명체는 차별 없는 생명 가치를 지닌다는 것을 인정하는 능력

생명이 침해된 생명체의 아픔과 고통에 공감하는 능력

생명이 침해된 상황을 명확히 인식할 수 있는 능력

생명 침해로 인해 발생되는 결과를 명확히 인식할 수 있는 능력

생명 침해 사태의 발생과 그 해결 과정이 자신과도 깊은 관련이 있다는 책임을 인식하고 그것을 해결하기 위해 노력하는 능력[25]

생명에 대한 감수성을 구성하는 하위 구성요소의 내용은 다양하다. 생태 감수성, 인권 감수성, 평화 감수성, 성인지 감수성, 공감능력, 차이의 인정, 연대, 책임 등 다양한 항목이 제시될 수 있을 것이다.

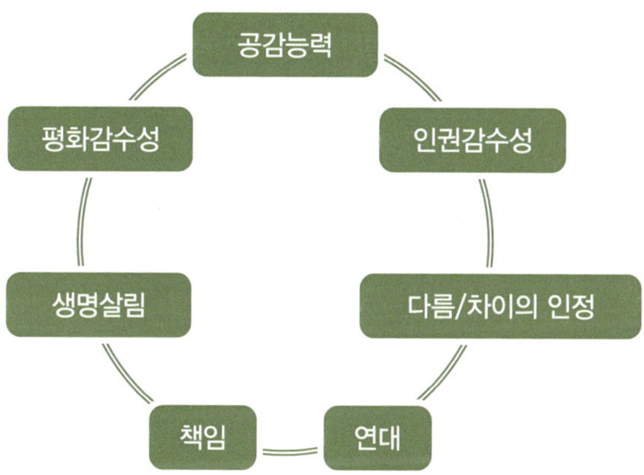

이 중 인권감수성과 평화감수성은 다음과 같이 설명될 수 있다.

— 인권감수성

인권의 의미를 명확히 알고 자신의 인권을 주장할 수 있는 능력

인권이 침해된 상황을 명확히 인식할 수 있는 능력

인권 침해로 인해 발생되는 결과를 명확히 인식할 수 있는 능력

인권 침해 사태의 발생과 그 해결 과정이 자신과도 깊은 관련이 있다는 책임을 인식하고 그것을 해결하기 위해 노력하는 능력[26]

— 평화 감수성

평화 감수성은 반평화적 상황에서 오는 고통에 민감하게 반응하는 정서적 자각이다. 전쟁을 포함한 모든 형태의 폭력에 반응하는 민감도를 높여 평화를 향한 내적 열망을 자극하며, 반평화적 상황을 해결할 책임이 자신에게 있다고 여기는 과정까지 포함한다.

평화감수성은 평화와 반평화를 나의 문제로 받아들여 자신과 다른 사람의 삶 속에서 평화를 심으려는 의지를 형성하고, 구체적으로 실현할 조건을 찾는 과정이다. 곧, 평화감수성은 평화 문제의 내면화와 평화실현의 조건 탐구로 구성된다고 정리할 수 있다. 평화 문제의 내면화는 반평화적 상황의 비참함을 당하는 사람의 처지에서 공감하여 나의 문제로 받아들이고 평화를 실천하려는 의지를 형성하는 과정이다.[27]

4. 나가면서

이 장에서 우리는 생명에 대한 기본적인 이해와 생명감수성에 대해서 살펴보았다. 전 지구적 생명 위기와 생명 죽임의 현실 속에서 생명 감수성을 배양하는 일은 지극히 중요하고 의미있는 일이다. 생명 감수성이 있는 시(詩)인 윤동주의 〈서시〉는 다음과 같이 읊는다.

序詩

죽는 날까지 하늘을 우러러
한 점 부끄럼이 없기를,
잎새에 이는 바람에도
나는 괴로워했다.
별을 노래하는 마음으로
모든 죽어가는 것을 사랑해야지
그리고 나한테 주어진 길을
걸어가야겠다.

오늘밤에도 별이 바람에 스치운다

이 시의 시인은 잎새에 이는 바람에도 괴로워한다. 그야말로 감수성이 있는 사람이다. 다른 사람들은 그저 무감각하게 스쳐가는 잎새에 이는 바람에도 그는 괴로워한다. 이 시에서 시인은 모든 죽어가는 것을 사랑해야겠다고 노래한다. 시인이 말하는 모든 죽어가는 것은 생명에 다름 아니다. 그래서 시인은 생명감수성이 있는 사람이다. 생명감수성 인큐베이팅 수업이 별을 노래하는 마음으로 모든 죽어가는 것을 사랑할 줄 아는 마음, 생명감수성이 있는 마음을 배양하는 데 조금이라도 도움이 되기를 바란다.

incubating life sensibility

2

Chapter

자연생태계 생명감수성 인큐베이팅

2장

자연생태계 생명감수성 인큐베이팅

1. 자연생태계와 생명

1) 자연생태계

인간은 자연생태계에 대해 어떠한 감정과 생각을 지니고 있을까라는 질문을 던져본다. 여러분은 어떠한가? 필자는 종종 자연이나 자연생태계라고 하면 인간과는 다소 분리된 또 다른 세상을 말하는 것처럼 여겨질 때가 있었다. 사람이 살아가는 세상과는 별개의 세계처럼 감지되어졌다는 것이다. 하루 종일 이런저런 생각을 하고 다양한 활동을 하면서도, 공기가 존재하기 때문에 내가 숨을 쉬고 있다는 생각을 의도적으로 가져 본 적은 매우 드문 것 같다. 이른 아침 찬란하게 차오르는 태양을 바라보고 햇살의 따스함을 느끼면서 오늘은 무언가 좋은 일이 생길 것 같거나 일의 진전이 있을 것 같은 생각은 가져보았지만 남다른 애착을 느끼며 감사하는 마음을 가져 본 적은 많지 않은 것 같다.

매일 매일 식탁에 오르는 반찬의 대부분이 자연에서 채취하고 가공한 것들인데 어떤 것이 맛이 있고 어떤 것은 맛이 없거나 다음에는 이렇게 한번 요리를 해 보면 어떨지 혹은 이런 요리를 잘 하는 음식솜씨 좋은 곳은 어디인지를 생각해 본 적은 있지만, 여전히 자연에서 주어진 재료들이 내 몸의 일부처럼 친숙하고 내 삶의 한 부분처럼 가까이 있다고 여겨본 적이 별로 없는 것 같다. 자연생태계는 모든 생물뿐만 아니라 사람의 생명을 유지하고 존속시키며 생명활동을 가능하게 할 수 있는, 생명에 필요한 자원을 공급하는 데 있어서 매우 핵심적인 역할을 담당해오고 있다.[28] 그러니까 자연생태계는 인간의 생명현상과 결코 분리할 수 없는 연속성을 지니고 있음에도 불구하고 인간은 그 중요성과 고마움을 자주자주 혹은 지속적으로 간과하며 지내온 것일지도 모른다.

자연에 대한 분리감은 어쩌면 자연이 지닌 속성 때문일지도 모른다. 국어사전에서의 자연은 "사람의 힘이 더해지지 아니하고 저절로 생겨난 산, 강, 바다, 식물, 동물 따위의 존재. 또는 그것들이 이루는 지리적·지질적 환경"[29]으로 설명되어 있다. 이렇듯 자연에는 인력의 작용에 영향을 받지 않는 특성이 고스란히 내포되어 있다. 생김새나 모양 그리고 언어적 소통 등 많은 부분에서 사람과는 확연히 구분되는 것이 자연 그대로의 대상인 것이다. 자연은 사람의 힘이 닿지 않았기 때문에 애착의 대상으로 굳이 포함하려고 애를 쓰지 않았는지도 모를 일이다. 아니면 인간의 그 어떤 노력으로 등장한 것이 아닌 원래 그렇게 존재해 왔던 것이기에 무심함의 범주에 들어와 있는지도 모르겠다. 그럼에도 불구하고 여전히 부인할 수 없는 사실은 인간은 자연을 통해 생명을 유지하며 살아가고 있다는 것이다. 필자 역시 자연이 선사한 음식을 먹고 물을 마시고 공기로 숨을 쉬기 때문에 이렇게 글을 적고 있지 않은가!

자연은 곧 우리 자신이기도 하고 우리는 자연이기도 하다. 그렇기에 우리가 외면할 수도 없고 해서도 안 되며 반드시 직시해야 하는 또한 인정하고 수용하면서 나아가 순응해야만 하는 원리가 있다면 자연의 원리일 것이다. 자연생태계의 원리는 곧 인간 자신의 생명을 유지하고 생명력의 활성화를 가능하게 하는 근원이다. 생태계(ecosystem)라는 용어는 탠슬리(Arthur Tansley, 1871~1955)라는 영국 식물학자가 1935년에 제창한 것으로서 "생물적 구성요소와 무생물적 구성요소를 하나로 묶어서 생각"하기 위한 용어이며 "생태계는 물질순환과 에너지 흐름을 통하여 생물과 환경이(생물적 환경요소와 무생물적 환경요소) 서로 긴밀하게 연결"[30]된 특성을 지니고 있다. 생태계에 대한 설명을 통해 관계성이라는 단어를 생각해 볼 수 있다. 생물환경과 무생물환경의 연결은 곧 관계적 특성을 보여준다.

Capra는 환경에 대한 다양한 문제들이 "상호연결"되어 있고 "상호의존"하고 있음을 직시하는 가운데 시스템적으로 파악해야 한다고 주장하면서, 세계관의 전향이 과거 "기계론적 세계관"에서 "전일론적 세계관 holistic worldview" 혹은 "생태적ecological 세계관"으로 보다 긴박하게 전환되고 있음을 강조한다.[31] 그는 "생태적 관점ecological view"이라는 용어를 다음과 같이 설명한다.[32]

> 자전거에 대한 생태적 관점은 자전거가 그 사회적, 자연적 환경 속에 어떻게 포괄되어 있는가에 대한 인식을 추가한다. 다시

말해서 자전거를 만드는 데 사용된 원료 물질들이 어디에서 왔는지, 그 자전거가 어떻게 제조되었는지, 자전거의 이용이 자연환경과 그것을 이용하는 공동체에 어떤 영향을 주는지 등에 대한 인식이 추가된다는 의미이다.

매일의 식사 풍경을 상상해보자. 식탁 위에 차려진 음식과 먹고 있는 나. 이를 생태적 관점에서 본다면 그 느낌이 어떨까? 눈앞에 있다 입속으로 들어오는 음식들, 식탁과 의자의 원재료들, 이 모든 것이 다양한 형태로 인간에게 수집되고 가공되면서 가져오는 사회 그리고 문화에 미치는 영향들. 이 음식을 먹는 '나'라는 존재의 형성과 섭식이 '나'에게 가져다주는 영향, 음식 섭취를 한 내 자신이 자연과 사회에 미치는 영향을 생각해 본다면 결코 가볍게 지나칠 만한 내용은 아닐 것이다.

불과 한 시간이 채 되지 않는 식사를 위해 얼마나 광범위한 영역에서, 다양한 식자재가 어떻게 관련되어 있는지 조금이라도 눈여겨 바라본다면 그 관계망의 덩치가 예사롭지 않다는 것을 쉽게 감지할 수 있을 것이다. 그 무엇을 생태적 관점에서 바라본다는 것은 자연과 사회라는 거대 환경 안에서 그것이 어떻게 형성되었고 어떤 역할을 담당하고 있는지, 다른 대상들과 어떤 연관과 의존을 이루고 있는지, 나아가 자연과 사회에 미치는 영향이 무엇인지를 관계망 전반에서 심도 있게 고려해야 함을 의미한다. 그 무엇도 이 관점에서 벗어날 수는 없다. 심지어 자칭 위대한 인간이라도 말이다.

2) 자연생태계와 생명

인간은 자연생태계와 뗄 수 없는 필연적 관계 가운데 있다. 생태계의 모든 생물 역시 그러할 것이다. 생태계의 구성요소인 생물은 "생명을 가지고 스스로 생활 현상을 유지하여 나가는 물체"[33]를 의미한다. 생물은 모두 생명을 지니고 있다. 따라서 생태계는 생명현상이 발생하고 존속하는 데 필요한 다양한 자원들을 확보하고 있다. 생태계 내 관계적 원리를 따라 살펴볼 때 무생물적 환경 역시 생태시스템의 일원으로서 생명에 필요한 요소로 자리매김하고 있음을 볼 수 있다. 정리하자면 자연생태계의 구조에서 생명을 바라볼 때 생명은 무생물적 환경에까지 생명의 생성과 유지에 필요한 자원을 공급받는다고 볼 수 있다. 그만큼 관계적 영향권에 포함되어 있다는 것이다. 그렇기 때문에 모든 것이 유기적 관계에 놓여 있다고 할 수 있다. 그러므로 생물이 지닌 생명은 자연생태계와의 관계성을 배제하게 된다면 혹은 그 관계성을 이탈하게 된다면 그 자체로서 생명 위기에 처할 것임은 자명한 사실이다.

생명은 자연생태계 내 구성요소와의 관계를 바탕으로 존속할 수 있는 운명이라고 해도 과언이 아닐 것이다. 이 구도에서 바라볼 때 하나의 생명체는 전체와의 관계 속에서만 생명이 출현하고 유지될 수 있다는 구조 가운데 위치해있다. 이러한 이유로 생명은 철저하게 관계성을 바탕으로 다루어져야 할 필요가 있다. 단순하게 생각해 본다면 다시 앞서의 이야기로 돌아가서 우리 식탁에 오르는 먹거리들은 인간 그 자체를 기반으로 생성된 것이 아니다. 이는 인간 의지에 속박됨 없이 자연이 가져다 준 것이다. 인간은 단지 수확하고 채취하고 가공했을 뿐이다. 당장 오늘 하루의 삶을 위해 식탁에 등장하는 음식물만 해도 바로 나와 자연의 관계성을 고려하지 않을 수가 없다. 그렇기 때문에 자연이 없다면 자연 생태계가 사라진다면 우리의 생명도 없는 것이다.

장회익의 "온생명" 혹은 "전체생명"-모두 global life로 표기-개념은 관계성을 기반으로 다루어지는 생명에 대한 더 확장된 혹은 새로운 시각으로 그 깊이를 더하고 있다. 그는 한 개체 생명이 지닌 관계적 측면을 "보작용자(co-functionator)"라는 개념을 가지고 설명하는데 가령 "작용체(body of function)"에 해당되는 DNA 분자들이 그 본연의 기능을 제대로 수행하려면 DNA 분자들이 특정 "물질구성"과 특정 "작용상태(functioning state)"라는 조건하에 있어야 제 기능을 발휘하게 된다는 것인데 이때 DNA 분자들을 둘러싼 그 특정한 요소들을 "보작용자(co-functionator)"라고 한다는 것이다.[34] 그러니까 "작용체"는 "보작용자"와의 관계 안에서 "보작용자"의 도움 없이는 제대로 된 기능을 수행할 수 없다는 것이다. 결과적으로 "보작용자"와의 연관 속에서만 그 자체로서의 의미를 회복할 수 있고 본연의 특성을 찾을 수 있으며 능력을 활성화시킬 수 있다는 측면에서 그 "작용체"는 결국 "조건부 단위(conditional unit)"일 수밖에 없다는 것이다.[35]

"작용체"와 "보작용자"의 관계를 생명과 관련된 예는 아니지만 관계성을 강조하고자 하는 심정에서 컴퓨터에 대입해 보자. 컴퓨터 안과 밖에는 각각 나름대로의 기능을 가진 다양한 부품들이 있다. 외형을 담당하는 본체, 다양한 칩들에게 자리를 마련해주는 메인보드와 그 안에 자리를 잡고 한 식구가 되어 있는 CPU나 RAM과 ROM 그리고 그래픽카드와 사운드카드가 있을 것이다. 하나하나 모두 생김새가 다르고 기능이 다르다. 이것들만 있으면 작동하는가? 아니다. 동력으로서 전기가 필요하고 하드웨어와 소프트웨어를 운영하는 운영체제가 있어야만 한다. 조립완성 된 컴퓨터가 하나의 "작용체"로서 존재해도 그 기능을 제대로 수행하기 위해서는 전기에너지라는 "보작용자"가 있어야 제대로 구색을 갖추게 된다. 고사양 게임을 하기 위해 아무리 좋은 그래픽카드가 있어도 이와 잘 호흡할 수 있는 특정 메인보드가 없다면 그림의 떡일 뿐이다. 전체가 서로 관계를 맺고 있고 서로가 그 안에서 수용적합하기 때문에 제대로 된 기능을 발휘할 수 있다는 것은 쉽게 짐작할 수 있는 것이다.

자연생태계에 무수히 많은 생명체로서의 생물들이 자기 고유의 생명력을 표출하고 주어진 시간을 살아갈 수 있다는 것은 그것을 가능하게 할 수 있는 "보작용자"와의 관계맺음이 계속적으로 주어지기 때문이다. 한편 장회익에 의하면, "조건부 단위"로서의 "작용체"와 "보작용자"라는 관계를 굳이 설정해야 할 필요가 없는 생명의 단위인 "정상적 단위(normal unit)"가 있는데 "태양과 같은 자유 에너지[36] 공급원을 자체내에 포함하는 별-행성계(star-planet system)"가 해당되며, 여기에는 "상호의존적으로 생존활동을 하고 있는 모든 작용체 및 그 보작용자의 총합"이 포함되는데 이 모든 것을 "하나의 단위체"로 파악해서 "세계생명(global life)"이라 하고 우리와 관련된 별-행성계는 태양과 지구[37]로 볼 수 있다는 것이다.

그의 이론에서 볼 때 태양과 지구의 울타리에서는 자연생태계의 모든 생물들이 그 생명활동을 시작하고 지속하는 데 필요한 에너지가 그 울타리 안에서 공급된다는 사실을 발견할 수 있으며 인간을 비롯한 여타 생명체는 "조건부 단위"로서 존재한다는 것 또한 알 수 있다. 따라서 "세계생명"이라는 개념에서는 그 안에 존재하는 각 "개체생명"은 여전히 생명에 있어서 조건부적 입장에 있게 되며 각 "개체생명"에 대해 "보작용자"의 역할을 하는 것을 "보완생명(complementary life)" 혹은 간단히 "보생명(co-life)"으로 명명할 수 있는데 중요한 것은 "보생명"이 단순히 기능적인 의미만을 말하는 것이 아니라 거기에는 동시에 "생명으로서의 자격"이 주어진다는 것이다.[38] "보생명"은 각각의 "개체생명"으로부터 그 생명현상이 작동할 수 있도록 도움을 주며 그들을 생명으로 존재하도록 하는 것인데 이처럼 "개체들이 생명이게 하는 모든 요소들"이 보생명에 해당된다.[39] 우리가 쉽게 접근하고 대수롭지 않게 여겼을지도 모르는 생물환경과 무생물환경은 모두 "온생명"의 구성요소가 된다. 그리고 그 생명개념 안에서 서로 필연적 관련을 맺으면서 생명이 그 생명다움을 획득할 수 있었다고 말해볼 수 있다.

자연생태계에 대한 온생명적 통찰은 인간 생명뿐만 아니라 다양한 생명체 역시 그러한 관계망에서 그들 나름대로의 생명을 이어가고 있다는 사실을 안겨주면서 그로 인해 잔잔하지만 깊은 감동으로 자연을 다시 바라볼 수 있게 한다. 눈을 들어 하늘을 보고 고개를 돌려 주변을 보며 시야에 들어오는 그리고 상상되는 크고 작은 생명체들, 오감으로 감지되지 않는 작은 생명체와 다양한 무생물환경까지 서로 손을 맞잡고 있음을 생각하니 그간 자연에 행한 작은 실수만으로도 회복의 바람을 담은 미안함이 솟구친다.

2. 자연생태계의 생명위기 현실

1) 자연생태계가 위험하다!

인간을 두고 자연의 산물이라고 한다. 자연에 의해 생겨난 존재이기에 자연과 더불어 살아갈 때 제 몸에 딱 맞는 효과를 맛볼 수 있다는 사실은 누구나 인정할만한 내용일 것이다. 햄버거나 피자와 같은 패스트푸드는 신속하게 먹을 수 있기도 하지만 꽤 맛이 좋아서 어떤 때는 며칠 째 연이어 먹어 본 적이 있다. 하지만 산뜻하지 않고 몸도 어딘지 모르게 찌뿌둥했던 기억이 있다. 이에 비해 채소와 나물로 만든 비빔밥은 소화도 잘 되고 몸까지 가벼워지는 느낌을 받은 적이 많다. 개인적인 기분일 수 있겠지만 여전히 자연 상태에 가까운 음식은 몸도 환영한다는 말이 실감 날 정도였다. 즐겨듣는 음악을 비롯해서 인공적인 소리를 뒤로 하고 어느 날 아침 우연히 귀 기울여 본 새소리에 몸과 마음까지 상쾌해지는 느낌이 들었다. 그래 자연이다! 거부할 수 없는 마음의 외침이 그 순간 한 마디 탄성으로 흘러 나왔던 적이 있다. 하지만 그 작은 감동 뒤에는 이 소리를 더 이상 들을 수 없게 된다면 어떡하나 하는 갑작스러운 걱정이 뒤따르기 시작했던 경험이 있다.

자연생태계가 위험하다! 걱정이 현실이 될 것 같은 기운이 이곳저곳 소식통을 통해서 전해지고 있나. 이것이 우리의 현실이다. 10년이 좀 더 지난 기억이지만 환경오염과 관련된 어느 강연에 참여한 적이 있었다. 그때 지구의 상태가 인간의 수명으로 본다면 대략 5분 정도 남았다고 들었다. 만약 시간 여유분이 그 정도라면 거친 호흡을 고르는 것조차 힘겨운 상황이 아닐까싶다. 그도 그럴 것이 곳곳에서 생태계 파괴와 손상의 소식들이 전해지고 있다. 그럼 우리는 이 소식들에 얼마나 민감하게 반응하고 얼마나 절박한 심정으로 회복을 향한 크고 작은 실천적 삶을 살아내고 있는가? 적어도 이 질문 앞에서 당당함과 자신감을 가지고 응답할 수 있는 사람이 또한 얼마나 될지 의문이다.

기후변화와 지구온난화, 폭염, 이상기온, 오존층파괴, 물 부족 등은 이제 익숙한 단어들이 되어버렸다. 아직 삶의 전반이 훼손당한 정도는 아니지만 어느 정도의 불편함과 어려움은 단어들의 익숙함과 함께 자연생태계에 대한 우려감으로 표출되고 있다. 곳곳에서 생태계 회복에 대한 목소리들이 모아지고 있고 정부정책이나 정부 및 시민단체 그리고 유명인사나 연예인들 나아가 개인들의 활동 소식도 이곳저곳에서 들려오고 있다. 그만큼 상황이 절박해져간다는 느낌도 든다. 윤웅진은 산업사회라는 극히 짧은 시간 동안에 지구 자원의 막대한 양을 소비했다는 밀브레스의 주장을 제시하면서 인간이 40억 년을 넘는 지구의 오랜 역사에서 "0.00000044%(1억분의 44%)" 라는 매우 짧은 시간 동안 자연생태계에 어마어마한 지각변동을 일으키며 생태계 파괴의 주범으로 등장했다고 정리한다.[40] 자연의 일부분인 인간이 자연 전체를 향해서 스스로도 감당할 수 없는 일들을 감행한 것이다.

지구의 역사 전체로 볼 때 초단거리의 기간에서 자연은 극심한 몸살을 앓기 시작했고 점점 자연 본래의 특성을 상실하고 있다는 느낌을 지울 수 없다. 대기오염, 기후 및 기온의 이상 현상 등과 더불어 동물의 신음소리도 이만저만이 아니다. 동물은 일찍이 인간의 먹거리, 입을 거리 혹은 의료용이나 미용을 목적으로 많은 고통을 감당해왔다. 인간은 아무런 양심의 가책 없이 이를 당연시하였고, 수많은 세월 동안 그렇게 지내온 삶에 대한 흔적과 기억을 지니고 있다. 오래전부터 지금까지 논란의 대상이 되어 오고 있는 음식 중에 보신탕이라는 명칭으로 유행했던 개장국이라는 먹거리가 있다. 필자가 어렸을 때, 동네 누군가의 집 마당에서 자유롭게 지내던 개가 어느 날 소리 없이 사라져 식탁 음식으로 올라갔다는 이야기가 나돌기도 했다. 한동안 집안 식구처럼 지내던 동물을 쉽게 먹거리로 둔갑시켜버릴 수 있는 것이 인간이기도 하다.

위험에 처한 자연생태계의 영역은 대기오염이나 이상 기온 그리고 동물 학대뿐만 아니라 자연이 존재하고 등장하는 곳이라면 어디든 마찬가지일 것이다. 그만큼 광범위하게 손상되었다고 감히 말해볼 수 있을 것이다. 생물과 무생물적 환경요소들이 서로 밀접하게 관련을 짓고 있는 생태계의 특성상 손상된 생태계라는 것은 결과적으로 관계의 손상이며 관계망 파괴의 심각성에 관한 논의로 집중될 수밖에 없다. 물론 조화로운 자연생태계에 찬물을 끼얹은 것은 바로 인간이다. 지구의 기온이 상승하고 공기가 오염되고 있다는 소식이 이곳저곳에서 급물살을 만난 듯 터져 나오고 동물들의 고통에 찬 신음소리가 여기저기에 배어있도록 자연생태계를 이상스럽게 디자인한 것은 다름 아닌 인간이다. 인간에 의한 자연생태계와 생명활동이 얼마나 위기에 처해있는지 대기오염, 지구온난화, 동물학대라는 몇몇 주제를 통해 간결하지만 진지하게 만나보자.

2) 대기오염

어느 겨울 이른 아침, 잠에서 깨어 문득 바라본 창밖으로 안개가 자욱했다. 아침 일찍 안개가 많으면 그날은 따뜻하다고 어린 시절

외할머니께서 종종 알려주셨던 말씀이 생각났다. 포근한 날씨에 대한 기대감에 덩달아 기분도 좋았다. 하지만 기다려도 날씨는 나아지지 않았고 여전히 채 가시지 않은 안개만 덩그러니 남아 있는 듯했다. 이후 안개보다는 미세먼지가 몇 배 더 많았다는 것을 알게 되었고 그 탓에 온종일 낮은 기온과 더불어 미세먼지와 함께 지내야 했었다. 더 이상 미세먼지는 낯설고 어색한 단어가 아니다. 어느 신문에 보니 삼 일간의 추위가 있으면 나머지 사 일 동안에는 미세먼지가 있다는 뜻의 '삼한사미'라는 단어가 생겨났을 정도로 이제는 미세먼지가 겨울의 추위보다 더 위협적이고 힘겨운 존재가 되어버렸다며 미세먼지와 건강에 관한 기사를 다루고 있었다.[41] 요즘은 일기예보에서 미세먼지에 대한 소식을 쉽게 접할 수 있게 되었다. 미세먼지로 인해 마스크를 착용하고 다니는 새로운 풍경이 등장하고 점점 익숙해져간다. 미세먼지로 뿌연 하늘을 바라보는 내내 신선한 공기에 대한 그리움은 더욱 간절함으로 다가선다.

최근 우리나라에서 미세먼지를 거론할 때 그 진원지를 중국으로 두고 있다는 것은 이제 상식이 되어버린 내용이기도 하다. 중국에서 공장이나 가정에 사용하는 석탄의 질이 그렇게 좋지 않은 편이며 여기서 상당한 분량의 대기오염물질이 배출된다[42]고 한다. 중국의 미세먼지를 두고 파이낸셜타임즈(영국)가 "에어포칼립스"(airpocalypse)라고 묘사했는데 이는 공기를 뜻하는 air와 대재앙이나 파멸을 의미하는 apocalypse의 합성어이다.[43] 공기가 손상되었다! 자연환경의 한 구성요소인 대기권은 다양한 기후 현상과 기상 현상 그리고 태양 복사에너지의 활동과 영향으로 인해 공기가 움직이고 이동하는 현상이 발생하는 곳이다.[44] 태양 에너지와 공기의 움직임은 불가분의 관계에 있으며 호흡하는 생명체의 존속도 이와 밀접한 관련을 가지고 있다. 공기에 불순물이 다량으로 포함되어 있게 되면 사람을 비롯해서 공기가 있어야 살아갈 수 있는 무수히 많은 생명체가 생존과 생활에 다양한 어려움을 겪게 될 것이라는 예측은 말할 것도 없다. 어디 그뿐이겠는가! 대기오염으로 인한 크고 작은 손상과 걱정거리가 지속적으로 발생할 수밖에 없을 것이라는 예상이 도처에서 생겨날 것이고 또한 그러한 현실 속에 살아가고 있기도 하다.

[그림 5] 심각성을 더해가는 대기오염

공기의 오염 곧 대기의 오염에 대한 세계보건기구인 WHO의 정의는 다음과 같다.[45]

> 대기 중에 인위적으로 배출된 오염물질이 한 가지 또는 그 이상 존재하여, 오염물질의 양, 농도 및 지속 시간이 어떤 지역의 불특정 다수인에게 불쾌감을 일으키거나, 해당 지역의 공중보건상 위해를 끼치고 인간이나 동식물의 활동에 해를 주어, 생활과

재산을 향유할 정당한 권리를 방해받는 상태

미세먼지에 포함된 유해물질은 굳이 전문적인 명칭을 거론하지 않더라도 인체에 매우 해롭다는 것은 명백한 사실이다. 미세먼지는 눈, 코, 기관지, 피부, 혈관 등과 관련된 질병을 유발할 수 있어 눈의 염증이나 시력의 저하, 비염, 폐암, 피부 노화나 아토피, 그리고 심혈관 관련 질환이나 뇌졸중 등을 유발할 수 있다고 한다.[46] 공기의 오염은 신체의 정상적인 기능을 오염시키고 훼손하게 된다. 그렇기 때문에 공기가 오염되었다는 것은 더 이상 원래의 구성성분으로만 이루어진 것이 아니며 기능 또한 정상 범위를 벗어날 수밖에 없고 결과적으로 식물, 동물 그리고 사람에게 해로운 영향을 미치며 나아가 생태계의 변화를 유발[47]하게 된다는 것이다. 사람이 이정도의 손상을 예상할 수 있다면 동물과 식물에게도 그만한 악영향을 미칠 것이다. 토마토와 고추 재배 실험 연구에서 중국 베이징에 위치한 창핑구에서는 뿌린 씨가 모종으로 자라는 데 보통의 기간보다 2배 이상이나 더 많은 시간이 걸렸는데 이는 비닐하우스 외부 비닐에 오염물질이 달라붙어서 햇빛을 차단했기 때문이며 결과적으로 세계 전반에 걸쳐 미세먼지로 인한 식량 마련의 문제가 발생할 수 있는 가능성이 충분하다[48]는 것이다. 먹고 사는 것에 대한 문제는 곧 인간 삶의 질을 저하시킬 것이다.

앞서 세계보건기구에서 정의한 대기오염에 대한 내용에서 대기오염은 "대기 중에 인위적으로 배출된 오염물질"이 그 직접적인 원인으로 등장하고 있다. 대기오염물질로는 물질을 다루거나 연소하는 과정에서 발생하는 "입자성물질", 물질을 합성하거나 분해 혹은 연소할 때 발생하는 일산화탄소와 같은 "가스상 물질", 황의 연소과정에서 나오는 "이산화황(아황산가스)", 연료의 불완전 연소 등에서 발생하는 "탄화수소", 연료나 공기에 포함된 질소의 산화로 인해 발생하는 "질소산화물", 탄화수소와 질소산화물이 공기 중에서 광화학 반응을 일으켜 만들어지는 "옥시단트(Ox)"가 있다.[49] 이상의 대기오염물질은 자연적인 것보다 인간 활동에 의해 인위적으로 형성된 것들이 대부분을 차지한다. 이는 산업화와 도시화의 과정에 그 기반을 두고 있다고 해도 과언이 아닐 것이다.

대기오염은 "대표적인 도시 공해"라고 볼 수 있는데 자동차 운행을 위한 연료 연소나 가정의 연료 소모 그리고 공장시설이나 발전소의 가동 등으로 인해 발생한다.[50] 이 모든 것들은 산업화가 속도를 내면서 공장의 가동률이나 자동차의 활용이 급속도로 높아지고 재건축의 바람이 불면서 곳곳에 기존 건물을 헐어내고 새로운 구조물을 세우고 가정마다 더 많은 연료를 소모하게 되었고 필요한 에너지의 충원을 위해 발전소의 가동이 더욱 증가되어왔던 현상들의 총합의 결과로 볼 수 있다. 특히 우리나라는 "압축적 근대화"로 인해 산업화나 도시화의 속도가 상당한 과속 수준이었기에 오염에 대한 노출과 민감성이 더욱 팽배할 것이다.[51] 게다가 중국발 미세먼지까지 합세하고 있으니 문제의 심각성은 더욱 큼직하게 보이기도 한다. 대기오염의 원인을 도시 공해로 초점화한다면 이는 인간의 작품이 되는 셈이다. 더 나은 삶을 위한 다양한 산업 활동과 발전을 위한 노력이 가져온 결과치고는 뼈저린 아픔이 아닐 수 없다.

일상생활에서 대기오염이라는 단어를 떠올릴 때 쉽게 등장하는 것이 있다면 자동차일 것이다. 특히 도로 위를 질주하는 차량을 보면 소리도 소리이지만 배기가스의 매캐한 냄새는 공기의 혼탁함을 즉시 피부로 와닿게 한다. 자동차는 도시의 공기를 오염시키는 주된 원인 제공자로 등장하였다.[52] 차량을 통해 공기 중으로 뿜어 나오는 가스에는 상당한 오염요소가 포함되어 있는데 특히 "질소산화물, 일산화탄소 및 이산화탄소"가 그것이다.[53] 물론 이러한 유해물질은 자연생태계 전체를 위협할 뿐만 아니라 인체에도 상당한 손상을 가져다준다. 그럼에도 불구하고 해가 거듭될수록 이동 중이거나 주차된 차량 수는 더 많아진 느낌이 든다.

여러 방면에서 인간의 편의를 도와왔던 자동차가 화석연료의 활용으로 인해 이제는 인간과 자연에 해를 입히는 대상으로 자리를 옮겨가고 있다. 한 연구에서 12년간의 패널데이터를 바탕으로서 미세먼지를 포함한 대기오염물질이 증가하고 있는 핵심 원인을 파악하고자 황사, 화력발전, 경유소비라는 세 요소를 분석했는데 그 결과 가장 유력하고 광범위한 영향을 발휘하고 있는 요소가 바로 경유소비라는 결과를 도출하였다고 한다.[54] 경유를 많이 소비하는 것으로는 경유자동차가 한몫을 한다. 자동차는 대기오염을 일으키는 근원지 가운데 "이동오염원(mobile source)"에 속한다.[55] 경유차의 경우 질소산화물이 배출되는데 이는 대기에 포함된 오존이나 암모니아 그리고 수증기 등과 결합하여 초미세먼지로 탈바꿈한다는 것이다.[56] 그렇다고 해서 휘발유차량은 오염물질 생산과 무관한 것이 결코 아니다. 앞서 다루었던 것처럼 자동차는 이미 도시 대기를 오염시키는 주원인이기 때문이다. 전기를 사용하는 차의 공급만이 대수가 아니다. 전기사용량이 늘어날수록 화석연료나 석탄을 주 화력으로 이용하는 발전소가 그만큼 증가할 수도 있기 때문이다.[57] 궁극적인 해결은 이를 활용하는 인간의 생각과 행동의 전환이 이루어져야 할 것이다.

3) 지구 온난화

언제부터인가 여름이 오기 전부터 '대프리카'라는 단어가 만나는 사람들의 입에서 오르내고 있었다. 이 단어를 처음 들었을 때 대프리카가 뭐냐고 지인에게 물어보니 대구와 아프리카의 합성어라고 했던 기억이 있다. 그렇다고 아프리카를 부정적 시각으로 보는 것이 아니라 단순히 더운 곳으로 설정하고 여기에 대구라는 명칭을 붙인 것이라는 생각이 든다. 요지는 그만큼 대구가 많이 더워졌다는 것인데, 네이버 국어사전에서 "아프리카의 날씨처럼 지나치게 더운 여름철 대구를 비유적으로 이르는 말."[58]로 나와 있다. 숨이 턱턱 막힐 정도의 더운 여름 한낮에 거리를 나가보면 곳곳에 설치된 에어컨 실외기와 거리 자동차에서 뿜어져 나오는 열기 또한 상당하다. 뜻하지 않게 다소 아이러니한 이열치열의 진풍경을 만나볼 수 있다.

미세먼지의 발생원인과 지구의 기온 상승 간 밀접한 연관을 찾아볼 수 있다. 중국에 대재앙을 연상케 하는 미세먼지가 발생하게 된 원인은 다음과 같은 이유에서 비롯된 것이라고 한다. 즉, 지구의 기온 상승으로 인해 북극에 있는 해빙 면적의 급격한 감소가 발생하고 이는 유라시아에 기존보다 많은 눈이 내리는 원인으로 작용하게 되는데 이렇게 되면 차갑고 강한 성질을 지닌 대륙 고기압이 동쪽 방향으로 치우쳐 하향 이동하게 되고 이로 인해 북서 계절풍이 오염물질을 쓸어버리지 못할 만큼 약화되어 제 기능을 하지 못하게 되면서 오염물질이 그대로 쌓이게 되는 상황이 연출되어 결과적으로 어마어마한 미세먼지가 발생하게 되었다[59]는 것이다. 온도의 상승은 고기압의 방향 전환과 계절풍의 기능저하를 초래했고 급기야 미세먼지를 창출함으로써 다양한 생명체를 위협하는 형국이 된 것이다.

여름철 대프리카의 출현이나 미세먼지의 엄습 모두 지구 온난화와 관련된다. 지구가 더워지는 과정을 간략하게 설명하면 다음과 같다.[60] 즉, 지구의 온도는 지구로 유입된 태양에너지와 반사되어 다시 방출되는 에너지 차이에서 결정되는데 이때 공기 중에 있는 "수증기, 이산화탄소, 오존, 메탄, 아산화질소" 등의 온실가스가 중요한 역할을 담당하게 된다는 것이다. 여기서 메탄과 이산화탄소의 분량은 지구의 온도를 결정하는 데 핵심적인 역할을 하는데 두 요소가 많을수록 온도가 상승한다. 따라서 메탄과 이산화탄소의 양이 상승된다면 대기온도의 상승 역시 피할 수 없게 된다. 산업혁명의 출발 이후 이산화탄소의 농도가 증가했고 나아가 화석연료의 사용은 그 발생과 증가를 가파르게 끌어왔다. 다양한 산업 활동과 에너지 생산 그리고 운송 관련 활동 등은 전 지구적 이산화탄소 배출 분량의 5분의 4를 차지한다는 것이다.

이산화탄소의 급격한 오름세에 한몫을 차지하고 있는 요소에는 자동차가 빠질 수 없을 것이다. 국내의 경우 1995년을 기준으로 이산화탄소와 관련해서 고정 시설에서의 배출량이 수송부문 관련 이동배출원보다 4배 가까이 많았지만 증가폭에 있어서는 고정배출원이 1981년 대비 230% 증가한 것에 비해 이동배출원의 경우 730%나 증가했다고 한다.[61] 이 조사에서 눈여겨 보아야할 것은 수송부문 이동배출원의 증가에 있다. 그만큼 차량에서 발생하는 이산화탄소가 급격히 늘어났다는 것이다. 우리나라의 전체 온실가스 배출원을 놓고 볼 때 이동오염원 부문에서 배출되는 이산화탄소는 31.4%의 규모를 보이고 있고, 차량을 통해 발생하는 오염물질의 90%에 달하는 것이 이산화탄소의 배출이다.[62] 10년이 멀다 하고 가파르게 증폭된 이산화탄소의 수치는 생태계의 균형과 생명현상을 동시에 흔들어놓겠다며 위협해온 세력으로 등장하고 있다. 사람들이 자동차로 이동하면서 앞으로의 삶이 차량에서 배출되는 이산화탄소로 인해 다양한 난제 속에서 더 힘겨워질지도 모른다며 염려하는 사람이 얼마나 될지 의문이다.

[그림 6] 인간의 활동으로 인한 이산화탄소 배출

이산화탄소 배출의 증가는 온실가스의 상승이고 이는 다시 지구 온도의 증가로 연결된다. 이 관련성은 분리 불가능한 구조처럼 상호작용하고 관련 맺으며 함께 움직이고 있다. IPCC(기후변화에 관한 정부간 패널, Intergovernmental Panel on Climate Change)의 2001발표 자료에 의하면 시기적으로 대략 50년 정도에 걸쳐서 지구의 표면을 관찰한 결과 기온이 올라갔음을 볼 수 있었고 그 주된 이유는 온실가스의 증가이며 이를 이끌어온 주범으로 사람들의 다양한 활동을 지목하고 있다.[63] 시기별로 볼 때 특히 기온의 증가 대부분은 1910년에서 1945년 사이, 1976년 이후에 발생하였으며 1976년 이후에 기온 상승 정도는 "과거 100년 동안에 비해 3배 정도"라는 것이다.[64] 그만큼 이 시기에 기온 상승이 보다 급격한 추세를 보였다는 것이다.

이정전은 "지구온난화 문제"를 다루면서 IPCC의 보고를 인용하여 산업혁명이 발발하기 전 1만여 년 동안 대기 온도의 상승은 1도 정도에 그쳤으나 이에 비해 비교할 수 없을 정도로 짧은 시기인 1860년~1990년 사이에는 0.3~0.6도의 증가가 발생했음을 제시하고 이는 자연이나 환경을 다루는 전문분야에서 볼 때 매우 놀랄만한 상승 수치라고 설명했다.[65] 그도 그럴 듯이 1만년과 130년의 차이는 거의 77배가 되니 그 시간의 길이 자체가 비교하기 어려운 수치임에는 분명하다. 1910년~1945년, 1976년 이후, 1860년~1990년은 어느 정도 중복되는 시간영역을 지니고 있다. 이는 초단기간 동안 인간이 자연에 미친 부정적 영향의 정도를 판단할 수 있는 증거가 될 것이다.

지구의 기온 상승에 대한 대책마련을 위해 2005년 주최된 국제 과학회의뿐만 아니라 IPCC(기후변화에 관한 정부간 패널) 등에서도 산업화 이전을 기준으로 그 시기의 평균온도와 비교할 때 2도 상한이라는 유사한 결론을 내렸다고 하는데 기온의 상승이 가져오는 피해가 어느 정도인지 관련된 내용을 함께 소개해본다.[66]

〈표 1〉 지구 평균온도 상승에 따른 지구온난화의 영향

얼마나 높아야 너무 높은가?	
산업화 이전보다 1~2도 상승	• 생태계와 생물종에 커다란 영향 • 열파, 가뭄, 홍수, 감염병의 증가
2~3도	• 산호 생태계와 다른 생물종에 상당한 피해 • 농업, 수자원, 보건 분야에 큰 영향 • 가뭄과 집중호우의 현저한 증가 • 다음 100년 안에 최고 74cm 해수면 상승 • 육상의 탄소 흡수원이 배출원으로 바뀌어 지구온난화 가속

1~3도(?)	• 그린란드 얼음이 녹기 시작(7m 해수면 상승)
1~4도(?)	• 북대서양 해류 붕괴
3~4도	• 대규모 생물 멸종 상태
2~4.5도(?)	• 남극 서부 얼음평상 붕괴(5m 해수면 상승)
4~5도	• 10억~30억 명이 물 부족 피해 • 모든 경작지의 식량 생산 감소로 지구 식량 생산량 급감 • 지구 인구의 5분의 1이 홍수 영향 • 영양실조, 질병, 열파, 홍수, 가뭄으로 인류의 사망률 현저한 증가
5~6도 또는 그 이상	• 사람 살 곳이 못 됨

지구온난화 현상에서도 빠지지 않는 것이 바로 인간의 편의와 풍요를 향한 행진이다. 과학과 기술의 발전을 폄하하는 것이 아니다. 그럴만한 자격도 이유도 필자에게는 없다. 왜냐하면 과학과 기술에 대해 전문적 지식이 있는 것도 아니고 무엇보다도 그 발전을 반갑게 여기며 지내왔기 때문이고 또한 그에 대한 수혜자 중 한 사람이기 때문이다. 가령 이산화탄소의 상승세에 한몫을 하고 있는 자동차만 해도 그렇다. 일상생활에서는 말할 것도 없고 더욱이 급한 일로 초를 다투며 움직여야 할 때나 장거리를 이동해야 할 때는 감사한 마음까지 드니 말이다. 자동차가 가져다준 삶의 변화와 편리함은 실로 대단한 것이지만 그로 인해 지구 대기의 질적 특성이나 안정적인 기온과 같이 균형을 잃어서는 안 될 부분에 급격히고 광범위한 손상이 가해지고 있다고 생각하니 죄책과 염려 그리고 혼돈스러움을 감출 수 없다.

4) 동물 학대

동물은 인간의 삶에 매우 가까이 있다는 느낌을 주는 생명체 가운데 하나이다. 물론 모든 동물이 다 그렇지는 않다. 대략 100만 종이나 된다고 하는 동물이 모두 우리의 일상생활과 직접적으로만 관계를 맺고 있지는 않다. 더군다나 여기서 이야기하려는 내용 안에 동물이 지구에 출현한 시기부터 인간과 동물의 관계를 단계적이고 세부적으로 다루려는 것을 포함하려는 것도 아니다. 단지 우리의 초점은 동물에 대한 인간의 태도에 대한 것이며 그 가운데 동물 학대와 관련된 사항을 거론해보려는 것이다. 국어사전적으로 학대는 “몹시 괴롭히거나 가혹하게 대우함. 또는 그런 대우.”를 말한다.[67] 이 정도로 동물을 괴롭힌 경우가 있을까? 누구라도 동물을 아무렇게나 다룬다는 것은 상상하기 어려울 것이다. 나아가 살아생전 자신에게는 절대 일어날 수 없는 일이라고 당당하게 확신하며 살고 있을지도 모른다. 하지만 더 구체적으로 학대에 관한 개념에 접근 해 본다면 생각지도 못한 상황을 만나게 될 것이다.

학대에 대해 생명과학대사전에는 “강자의 약자에 대한 과혹한 대우, 지배, 힘의 행사. 좁은 뜻으로는 의도적, 비의도적과는 관계없이 대상과 특별한 관계에 있는 자 등이 대상에 불필요한 고통을 주는 것.”으로 제시되어있다.[68] 이 정의에 따르면 인간과 동물의 위계질서라는 측면에서 대부분의 사람들이 직간접적으로 해당될 것이다. 가령 인간의 즐거움을 위해 동물이 활용된 뚜렷한 흔적을 말해볼 수 있다. 동물을 이용한 쇼, 투견, 투우, 동물 축제, 동물 수집 등 다양한 상황에서 이러저러한 모습으로 고통을 당하는 동물들을 찾아 볼 수 있다. 얼마 전 뉴스에 보도된 자료를 보면[69] 심하게 눈을 다친 채로 방치된 고양이, 비용만 지불하면

부르는 곳으로 이동해서 동물을 보여주는 이동 동물원, 비정상적인 사육환경에서 온종일 협소한 공간을 누비다 심각한 스트레스 상황에 놓여있는 호랑이, 관리하는 사람이 없어서 자신들이 얼마나 먹었는지 조차 알지 못하고 계속해서 먹이를 기대하고 있는 먹이 주기 체험 코너에 갇혀 있는 동물들을 볼 수 있었다. 뉴스에 등장하는 이 사례들에서 인간들이 의도했던 그렇지 않던 강자로서의 인간과 약자로서의 동물 간에 불필요한 고통이 발생하고 있는 것을 볼 수 있다.

[그림 7] 인간의 즐거움을 위한 동물 쇼

인간의 더 나은 삶을 위해 동물이 감당해온 희생은 동물실험에서도 선명하게 드러난다. 인간의 생명 연장과 치료 그리고 복지 등을 위해 동물이 실험 대상으로 활용된 사례는 비단 어제 오늘의 일만은 아니다. 동물 해방론자이자 실천윤리학의 거장인 피터 싱어(Peter Singer)의 저서 '동물해방'에는 동물 실험에 대한 다양한 사례들을 조사해서 소개하고 있는

데 전체를 다 언급할 수 없지만 간략하게 몇몇 사례를 소개하자면 다음과 같다.[70] 즉, 평형유지를 하지 못하면 지속적으로 전기 충격을 감수해야하는 원숭이들(67), 쥐에게 전기 충격을 가하거나 굶겨서 궤양 발생 여부를 확인하는 실험(87), 절망감이나 무력감의 형성과정을 살펴보기 위해 개에게 어떤 형태로든 피할 수 없는 전기 충격을 지속적으로 가하는 실험(95), 전기 충격을 통해 쥐들이 서로 격렬한 싸움을 학습하도록 유도하는 실험(99), 독성 물질에 대한 치사량을 파악하고자 강제적으로 동물에게 투입하는 실험(107), 고온 상태에서의 동물 반응과 이상 행동 등 고온으로 인한 영향을 파악하고자 한 다양한 실험(122-126) 등등이 있다.

싱어가 소개한 동물 실험은 약간의 상상만으로도 공포를 느끼기에 충분한 실험들이다. 이 실험을 생각해내고 계획한 것도 인간이고 직접 실행한 것도 인간이다. 수많은 동물 실험에 대한 댓가로 우리가 안전이나 건강 혹은 위생 등에 어떤 형태로든 도움의 연결망에 위치해있다면 결과적으로 우리도 실험자이자 가해자의 범주에 들어갈 것이다. 앞서 소개한 뉴스에 제보된 사례들은 어떠한가! 하나같이 사람들의 호기심이나 즐거움을 충족시키기 위해 그들의 생명과 모든 생명활동 자체가 외면당한 채 무방비 상태에 놓여있다고 할 수 있다. 다른 생명체에 대한 존중과 감수성을 잃어버린 인간만 아니었다면, 동물들이 그토록 다양한 고통에 굳이 노출될 이유가 없다. 이는 부인할 수 없는 사실이며 결과적으로 그들의 고통은 수직적인 구도에서 억압과 착취 가운데 놓여 있기 때문에 발생한 결과임을 선명하게 보여주고 있다. 동물이 학대의 대상이 된 이유는 단 하나다. 인간을 위해서라는.

동물실험에 직간접적으로 참여하지 않는 사람들, 즐거움이나 오락 혹은 그 어떤 교육적 용도에서도 동물을 접하지 않는 사람들은 동물학대에 대해 무관하다고 생각할 수 있을까? 피터 싱어(Peter Singer)는 "식용으로 사용되는 동물의 사용과 학대는 관련 동물들의 숫자만 따져 보아도 다른 종류의 학대를 크게 앞선다. ...... 가게나 식당에서 식품을 사거나 먹는 것은 오랜 학대 과정의 종착점이다."[71]고 주장한다. 싱어의 주장대로라면 동물 학대의 가해자 대열에서 빠져나갈 수 있는 사람이 과연 얼마나 될지 의문이다.

한 주간의 식단을 떠올려보자. 어떤 모양으로든 우리는 소, 돼지, 닭 등의 고기를 소재로 한 음식을 쉽게 만나볼 수 있을 것이다. 이것만으로도 대량의 동물 학대에 가담한 또 하나의 가해자로써 이를 암묵적으로 묵인하거나 지지하거나 혹은 방관하는 태도를 유지해왔다고 할 수 있다. 피터 싱어(Peter Singer)는 이를 보다 단호하게 지적하는데 그의 입장에서 축산과 도축 그리고 가공 등을 통해 육류를 생산하는 사람들과 이를 음식제조를 위해 사용하는 소비자의 태도가 근본적으로 동일하다는 것이다.[72] 이쯤 되면 내 자신이 직접 동물을 도축하고 그 고기를 가공하는데 일체의 관련이 없다 하더라도 공범의 위치는 변함이 없을 것이다.

육류에 대한 그릇된 애착은 대량 학대의 문제만으로 끝나는 것이 아니다. 축산과정에서 발생하는 여러 현상은 자연생태계나 지구 기온 등에 부정적 영향을 일으키고 있다. 송정은은 "축산업의 환경적 영향과 한국 환경법의 대응"에 대한 연구에서 "국제연합식량농업기구(UN Food and Agriculture Organization, FAO)"의 보고서를 활용해 축산분야에서 발생하는 온실가스 및 이산화탄소의 배출량을 제시하고 있는데 그 내용은 다음과 같다.[73] 즉, 축산 분야는 전 세계적으로 운송부문을 통해 산출된 온실가스의 배출량보다 더 높은 "이산화탄소로 환산한 경우 연간 인위적 온실가스배출의 18%"의 배출량을 보이고 있고 "인위적 이산화탄소 배출량"의 경우

"9%"를 점유하고 있다는 것이다. 자동차와 같이 온실가스 상승의 원인으로 작용하는 요소 중 우리 삶과 밀접한 관련을 지닌 것으로 육류 소비를 간과할 수 없게 되었다.

피터 싱어(Peter Singer)는 소고기를 획득하는 과정에서 급증하고 있는 산림파괴에 대해 다음과 같이 지적하고 있다.[74] 즉, 화석 연료의 다양한 활용으로부터 야기되는 탄소보다 현재 산림의 경우 400배나 많은 탄소를 보유하고 있는데 중요한 것은 탄소의 경우 무분별한 개발로 인한 산림의 손상과 파괴 때문에 공기 중에 이산화탄소 형태로 내놓게 된다는 것이다. 이산화탄소가 대기오염과 지구온난화의 핵심 인물이라는 것은 익히 언급한 내용이다.

숲이 자연생태계 파괴에 지대한 영향을 미치고 있는 이산화탄소를 저장하고 산소를 생산해내는 기능을 한다는 것은 이제 상식적인 지식이 될 만큼 자타가 공인하는 내용이다. 산업시대 이후 급격하게 늘어난 공장시설과 자동차 그리고 다양한 시설물, 재빠른 속도로 확산해온 도시화 등 모든 현상의 공통점 중에 하나를 제시한다면 바로 이산화탄소 수치 상승이라고 할 수 있다. 설상가상으로 육류 생산의 급증이 그 상승가도에 큰 몫을 차지하면서 생태계파괴를 부추기고 있다. 긍정적 전환을 기대하기에는 그 범위와 수요가 너무 넓고 많다는 느낌을 지울 수 없다. 그렇다고 해서 자포자기의 심정으로 누군가에게 자연생태계의 회복을 내맡긴 채 살아가기에는 자연이 너무 크게 손상되어 있다.

3. 자연생태계 생명감수성 인큐베이팅을 위한 이론과 실천들

1) 자연관의 전환

자연은 피부로 와 닿을 만큼 늘 우리네 삶 가까이에 혹은 생활 깊이 드리워져 있지만, 가족처럼 애착을 가지고 대하는 일에는 노력을 등한시했던 것이 우리의 실상일 것이다. 그러나 이제는 자연생태계 파괴라는 현실의 위기 앞에서 공간적이든 심리적이든 그 거리감과는 관련 없이 무조건적이고 당위적으로 애정을 가지고 돌아보고 돌보아야 할 대상임에는 틀림없다. 왜냐하면 생태적 관점은 생태계 모든 구성요소에 굳건히 연결된 관계망의 필연성을 알려주었고 온생명의 관점에서 인간은 스스로 삶을 영위할 수 있는 순수 자원과 능력을 지녔다고 할 수 없기 때문이다. 자연의 일부로서 인간은 자연생태계 내에 자연생태계로부터 필요한 요소들이 충당되어야 비로소 그 생명력을 유지하고 활성화시킬 수 있는 존재이다. 언제나 그렇게 보생명과의 연관성 속에서만 생명을 논할 수 있는 그러므로 온생명의 조건에서만 생명을 얻고 지속성을 확답받을 수 있는 "조건부 단위"일 뿐이다. 그럼에도 불구하고 대등하면서도 상호의존적인 관계망을 과감하게 해체하고자 한 주인공 역시 인간이다. 왜 이토록 무모하도록 과격한 태도를 지니게 되었을까?

인간의 태도는 특정 조건에 따라 즉각적으로 주어지는 것이라기보다 자신의 관점에서 비롯된 결과라고 할 수 있을 것이다. 사람의 관점은 그가 처한 상황과 당면한 문제 혹은 마주 접한 사물을 해석하는 데 주요한 역할을 한다. 사람이 어떤 입장을 취하느냐에 따라 대상의 고유한 특성은 왜곡되기 쉽고 서로의 관계에서도 균형을 잃어버릴 수 있다. 따라서 자연에 대한 인간의 태도가 부정적이거나 관계적으로 균형미와 조화로움이 상실되어 간다면, 이는 곧 자연에 대한 인간의 관점을 전반적으로 검토해야 할 필요가 있음을 말해준다. 인간과 자연 간 수평적이며 상호존중의 관계개념을 과감하게 해체하는 것은 관계망을 바라보는 수직적 관점일 것이다. 이는 인간이 자연을 지배와 착취를 해도 무방한 대상으로 파악했기 때문이다.

인간이 자연보다 우월한가라는 질문 앞에서 우리는 어떠한 대답을 할 수 있을까? 사실 지구의 자연생태계를 이끌어가고 있는 존재가 인간일 수 있다는 착각을 진실로 받아들이는 것이 우리에게는 더 자연스러운 모습일지 모른다. 우리의 일상을 둘러보아도 자연이 인간을 이끌어가고 있다는 확연한 현상을 본다는 것이 더 부자연스럽기도 하다. 아침에 눈을 뜨고 잠자리에서 일어나 저녁에 다시 잠자리로 돌아올 때까지 하루 온종일 인간은 자연을 이용하고 활용한다. 이 과정에서 인간은 줄곧 중심과 상부에 위치한다. 우리가 이용하는 교통수단, 한시도 곁에서 떠나보낸 적이 없는 스마트폰, 다양한 업무와 정보 그리고 오락을 위해 활용하는 컴퓨터, 먹거리를 해결하기 위한 도구와 공간들 등 일상의 거의 대부분이 자연과는 동떨어진 채 자연이 하나의 도구나 옵션처럼 치부되고 있다. 물론 그러한 하루를 보내는 것이 바로 우리 자신이기도 하다.

도심 그리고 건물 이곳저곳에 자리 잡은 나무와 꽃들, 군데군데 흐르는 하천들, 집에서 키우는 동물과 식물들, 식탁에 오르는 음식들 등 직간접적 자연의 산물들은 인간이 만들고 가꾸며 활용하는 일련의 대상들 가운데 하나라는 인상을 강하게 풍길 뿐이다. 그만큼 자연 그대로의 환경을 인간의 생각과 기술로 가공하였다는 말이 된다. 이 과정에서 인간은 자신들의 방식에 침묵과 순응으로 동조할 수밖에 없는 것이 자연의 현실적 위치라고 주장할 것이다. 어쩌면 인간은 자연에서 필요한 것을 획득하고자 마음먹으면 언제나 자연생태계의 다양한 대상들을 활용해서 어떻게든 충족에 도달할 수 있는 우수한 존재로 스스로를 인식하고 있는지도 모른다. 일각에서는 동물오락이나 특정 육류 사용에 대한 문제로 촉각을 곤두세우면서도 다른 한편에서는 경제적 혜택이나 복지를 위한 명목하에 많은 사람들의 기대를 안고서 크고 작은 규모에서 자연에 대한 침범이 평이하게 이루어지고 있다.

자연을 지배한다는 것이 마치 무모하고 난폭하게 상대를 가격하는 전투병의 심정과 행위를 나타내는 것이라기보다는 자연의 있는 그대로의 모습에 인간만의 합리적이고 합당한 이유를 근거로 자연스러움에 손상과 파괴를 감행한다는 것이 더 근접한 설명이 아닐까한다. 이는 마치 어떤 부모가 자녀를 자신의 소유로 생각하고 자녀의 고유한 특성과 자율성을 무시한 채 부모 자신의 생각과 삶의 방식을 강요하고 있는 것과 비슷하다. 자녀 앞에서는 자신의 불완전함을 노출하는 것이 크나큰 수치인 것처럼 생각하는 어느 부모의 모습도 충분히 고려해볼 수 있다.

인간이 불완전한 것은 자명한 사실인데 자연 앞에서는 전혀 그렇지 않은 척하고 있는 인간의 우둔함이 이를 닮아있다. 어린 아이들이 세상을 조금씩 알아가는 과정에서 자신이 깨닫게 된 작은 원리로 사람을 대하고 세상을 바라보는데 전혀 문제가 없을 것 같은 생각에 의기양양해 있는 것을 본적이 있다. 물론 우리도 그런 시절이 있었을 것이고 다양한 지식과 삶의 지혜를 습득한 지금도 역시 그러할 것이다. 자연에 대한 관점에서도 이에 견줄만한 시각이 있었다. 근대 서구에서의 자연에 대한 인식이 그 대표적인 예시가 될 것이다.

철학자 데카르트의 "기계론적 세계상"은 기계와 자연을 동일한 선상에서 파악하고 있는데 이 자연관에서는 자연에 대한 소유와 주인의식이 내포되어 있고 프란시스 베이컨의 경우 "자연을 '실험'하고 '해부'하여 거기서 얻은 지식에 기초하여 자연을 조작하고 이용·지배할 수 있다"고 주장했는데 결과적으로 "기계론적 자연관"은 자연에게서 생명의 특성을 배제시켜버리고 인간에게서는 자연의 속성을 파기하도록 이끌면서 "환경파괴의 사상적 원천"을 형성하였다.[75] 인간은 어느새 자연을 대상화하여 분석하고 분해하며 조립하려는 태도를 취하기 시작한 것이다. 근대는 대변혁이 일어난 시기인데 이는 한마디로 '과학혁명'이라고 지칭되는 것으로서 이를 기반으로 "기계론"이 출현하게 되었으며 데카르트의 자연관은 근대 기계론의 절정을 보여주고 있는데 자연세계에서 생명을 배제시켜 버림으로써 자연은 그저 섬세하고 정밀하게 고안된 기계와 같은 단순 물질 대상일 뿐이며 따라서 그에 담겨진 의미나 목적이 존재하지 않는 것으로 파악했다.[76] 데카르트식 자연관은 근대문명을 확립하고 가꾸어나가는 데 지대한 공헌을 하였다.[77]

자연에 대한 인간의 지배와 통제권이 강력하게 대두되는 현상은 인간이 모든 것에 중심적 위치를 차지하고 있음을 말해주는 것이며 이는 인간과 자연에 대한 뚜렷한 수직적 그리고 이분법적 구도를 보여주는 것이다. 다시 말해서 신의 입김이 현격하게 줄어든 근대에는 그만큼 인간과 자연 곧 "인간과 인간 이외의 것"이라는 이분법적 분리, 이성의 절대적 우위에서 비롯된 과도하게 팽창된 인간의 능력과 자연에 대한 통제권이 확고한 위치를 확보하면서 자연을 "역학적" 그리고 "기계론적"으로 바라보고 처리할 수 있는 정당성과 실행력을 갖추게 되었다는 것이다.[78] 자연이 인간에게 종속된 이상 인간은 자연을 인간의 입장에 맞추어서 인간에게 유리하게 인간중심적으로 해석하려는 경향이 짙어질 가능성이 클 것이며, 심지어는 어떤 경우에서도 인간의 자리를 중심에 두려는 당위성을 확보하고자 할 것이다.

자연이 지닌 고유의 목적을 무시한 채 기계적 단위와 요소로 취급한 결과 자연과 불가분의 관계에 있는 인간의 삶은 유토피아적 안락함 대신 대기오염, 지구온난화 등으로 인해 고통과 염려를 돌려받고 있다. 예기치 못했던 혹은 예상했더라도 소위 안락하고 편리한 생활을 위해 과감하게 묵인해 버린 결과가 아닐 수 없다. 어린 시절 그 나이에는 다루기가 어려운 조립용 오토바이를 구입한 적이 있다. 설명서를 충분히 읽어보고 설명서에서 지시한 순서대로 하나하나 떼어내어 만들어가야 하는데 급한 마음에 모든 조각들을 다 떼어 놓고 조립을 시작한 적이 있었다. 낱낱의 조각들은 특정 문자가 표시된 몇 개의 플라스틱에 붙여져 있었기에 이 조각이 도무지 어느 문자 플라스틱에 붙어있었던 것인지 알 수가 없었다. 게다가 설명서조차 어디 두었는지 찾지를 못해 상품 박스에 있는 완성된 그림을 보고 조립해야 했다. 그래서 전체 뼈대에다가 최대한 그림과 유사하게 조각들을 본드로 붙이며 조립해갔다. 결과가 어떻게 되었을까? 아직도 제 자리를 찾지 못한 수십 개의 조각들이 남아 있었고 지쳐버린 탓에 원본과는 사뭇 차이가 나는 새로운 오토바이가 등장했다. 자연을 기계적으로 파악하면서 접근하는 인간의 모습이 이와 유사할 것이다.

인간에게는 자연생태계의 모든 요소들이 어떠한 역할과 작용을 하며 서로 얽혀 있어서 하나하나 어떻게 다루어야 모든 것이 온전하게 제 기능을 하고 유지가 되며 인간에게도 더 나은 삶을 제공하는지 완벽하게 알 수 있는 설명서가 없다. 그럼에도 불구하고 마치 자연의 모든 것을 다 이해하고 알고 있어서 필요한 것을 얻어내고 다시 금방이라도 원상 복귀 시킬 수 있는 것처럼 자연을 취급해왔다.

자연에 대한 기계론적 접근은 그 이론이 아무리 학문적으로 그럴듯한 내용과 형식을 갖추고 있어도 자연을 바라보는 하나의 관점일 뿐이며 접근 방법일 뿐이다. 그래서 절대화될 수 없다. 그럼에도 그 관점이 근대 이후로 계속해서 유용한 자리를 확보할 수 있었다고 한다면 이는 앞서 제시한바 문명의 발달에 이바지했기 때문일 뿐이다. 다행스럽게도 현대에서는 자연에 대한 새로운 관점들이 대두되고 있다.

박은진은 "현대과학의 생명관과 자연관"을 다루면서 지금의 자연 상태를 더 이상 가공된 인공물과의 "생태적 평형상태(ecological equilibrium)"를 지속하기 어려운 자연, 자연 자체의 자율적 특성이나 조절 능력 등이 손상되어 문제가 생겨버린 자연으로 파악하면서 나아가 원래의 자연과 과학기술에 의해 변형된 "'인위 자연'(the arti-nature)"과의 조화의 중요성을 피력하면서 현재는 자연에 대한 "유기적 관점"이 등장하고 있음을 설명한다.[79] 서구의 기계론적 관점으로 자연을 바라본다는 것은 더 이상 타당성을 제시하기가 어려운 시점이다. 무엇보다도 몸살이 난 자연생태계의 이상 징후들을 몸소 체험하고 있노라면 기계론적 자연관을 고수하려는 시도 자체가 매우 불편하다는 인식을 가질 수밖에 없을 것이다. 자연생태계 제 요소들의 유기적 관계에 대한 초점은 기계론적 관점에 대한 반동적 작용 이상의 의미를 안겨준다. 정인석은 "자기조직계", "복잡성의 이론"을 통해 다음과 같이 현대의 자연관을 설명하고 있다.[80]

> 복잡성의 과학의 관점에서는 자연을 자율적인 자기형성적인 것으로 이해하며 그러기 위해서는 기계론적인 요소주의를 넘어

서 자연을 전체론적holistic인 체계 · 구조로 보아 환경과의 밀접한 상호작용 하에서 자율적으로 자기를 보존해갈 뿐만 아니라 적당한 조건 하에서는 새로운 자기형성을 꾀하여 가는 등 점차적으로 자기발전을 펼쳐간다는 것이다. ...... 인간 및 생물은 말할 것도 없고 우주나 지구도 모두가 살아있는 존재인 것이다. 그리고 현재도 쉬지 않고 계속 발전하고 있다. 인간이란 기실은 이와 같은 우주의 생명체의 일환에 지나지 않다.

이러한 설명은 온생명적 관점, 유기적 관점을 거쳐 거대한 자연 전체의 체계나 구조 및 이를 구성하는 제 요소의 관계망이 얼마나 역동적이고 생동감으로 충만한지를 시사해주고 있다. 물론 생명에 대한 감수성을 인큐베이팅하기 위해 간략하게 다룬 내용이 다소 추상능력을 자극할 수도 있겠지만, 언급의 이유는 관계적 관점이 지닌 중요성을 절대 한 순간이라도 잊어버리거나 간과해서는 안 된다는 절박함 때문이기도 하다.

2) 탐욕을 내려놓고 동물의 감정을 공감하기

자연은 인간이 사용하는 언어로 그들의 심정과 생명의 비밀을 알려주지 않는다. 자연은 인간과 동일한 두뇌와 생각 능력을 지니고 있지 않다. 소통방식이 너무 상이하다. 말이 통하지 않고 알아듣지 못하며 추론과 종합 그리고 확장할 수 있는 사고능력이 없다 하여 그들의 생명을 하찮은 것이라 단정 지을 수 없다. 다행히도 현대에 이르러 자연에 대한 새로운 인식과 시각이 빠르게 확산되고 있다. 이는 자연생태계의 손상과 파괴로 인해 발생하는 다양한 역기능적 현상들로 인해 인간의 삶이 더욱 힘들어졌다는 이유 때문만은 아닐 것이다. 이상기온, 물부족, 미세먼지 등 다양한 자연의 아픔을 접하면서 인간의 양심이 더욱 활성화되고 관계적 존재로서의 인간이 지닌 관계능력이 자연과의 관계까지 확장되었다는 생각이 더 크다. 가령 앞서 소개한 피터 싱어(Peter Singer)의 동물에 대한 해방론이 그 대표적인 예의 하나일 것이다.

피터 싱어(Peter Singer)가 초점을 두고 있는 것은 "인간 중심의 종차별주의를 비판하면서, 쾌락과 고통을 느낄 수 있는 존재들의 이익을 평등하게 고려해야 한다는 원칙"에 있다.[81] 그에 의하면, "고통이나 즐거움을 느낄 수 있는 능력은 적어도 이익(interests)을 갖기 위한 전제조건"이며 그 "능력-최소한 고통을 느끼지 않는 것과 관련된 이익-은 한 존재자가 이익을 갖는다고 할 때의 필요충분조건"이기에 "어떤 존재가 고통을 느낀다면, 그와 같은 고통을 고려하지 않으려는 것은 도덕적으로 정당화될 수 없다"는 것이다.[82] 계속해서 그는 인간과 동물의 고통과 관련된 유사 표현방식과 유사 신경계를 통해 동물이 고통을 감지하고 있음을 설명하고 있고,[83] 고통을 느낀다는 것은 언어적 표현과 어떤 형태로든 연결되어야 할 의무가 없으며, 오히려 "비언어적 의사소통" 방식이 느낌을 전달하는 데 더 유용하고 핵심적임을 제시한다.[84] 그의 관점에서 우리는 동물을 머리로 이해하려는 태도보다 마음으로 만나야 하는 존재임을 찾아볼 수 있다.

피터 싱어(Peter Singer)의 주장은 정서적 요소를 배제한 채 냉동고가 되어버린 인간 이성 앞에 감정이라는 땔감으로 따뜻한 난로를 지펴주는 느낌을 준다. 인간은 이성적 존재이기도 하지만 또한 철저하게 감정적 존재라는 사실은 자타가 공인하는 내용일 것이다. 근대의 기계적 자연관은 양자의 균형을 깨뜨려버렸고 과학과 기술의 발전이라는 화려한 간판 아래 냉담한 가슴만을 안고서 자연생태계의 이단아, 소외자로 전락해버린 외로운 인간상만을 부풀려 놓았다고 해도 과언이 아닐 것이다. 그럼에도 불구하고 인간은 고독한 군림자의 위치를 내려놓으려 하지 않는다. 갖가지 소식통을 통해 들려오는 이야기들은 더 발달된 기술의 활용과 밀접해 있는 것이 많다. 병들어가는 지구에 대한 염려를 담은 기사도 있지만 여전히 그러한 기술에 힘입어 우리의 일상을 더욱 편리하고 안락하게 해 주는 데 필요한 것들, 인간의 건강과 수명 연장에 유용한 것들, 앞으로의 과학과 기술이 가져올 미래에 대한 소식들이 즐비하다.

고통을 좋아하는 사람이 있을까? 아마 신경증적인 증상이나 혹은 심리적 이상이 아니고서는 고통을 어떻게든 피하려는 것이 생명을 지닌 인간의 일반적 특성일 것이다. 피터 싱어(Peter Singer)의 초점이 고통에 있다는 것은 동물에 대한 인간의 공감능력의 활성화를 가져온다. 그럼에도 불구하고 인간은 오직 인간의 복지와 더 나은 생존이나 건강 혹은 수명 연장을 위해 동물실험이나 육류를 포기하지 않을지도 모른다. 우리나라의 식문화에서 소와 돼지는 버리는 것이 없다는 이야기를 들은 적이 있다.

고기섭취는 우리의 삶과는 떼어놓을 수 없는 일종의 생활 그 자체가 되어버렸는지도 모른다는 무거운 생각이 들기도 한다. 그만큼 육류와 관련된 음식들이 우리의 일상에 매우 밀접해 있다는 견해에서이다. 어쩌면 어떤 사람들에게는 고기 요리가 삶의 커다란 활력으로 작용할지도 모른다. 주위를 둘러보면 고기를 재료로 하는 각종 음식점이 얼마나 많은지 모른다. 크고 작은 마트에 들어서면 육류나 다채로운 육류가공식품들이 시야를 가득 채운다. 모두가 모종의 동물학대의 결과라고 해도 과언이 아닐 것이다.

배국원은 "맛있는 고기를 탐하는 우리 모두"가 동물을 학대하는 주범에 해당된다는 것이 결국 피터 싱어(Peter Singer)의 결론이라고 제시했다.[85] 탐하는 인간이 주범이라면 해결해야 할 문제의 근원은 바로 인간의 탐욕일 것이다. 싱어는 이렇게 말한다. "사람들은 먹고 있는 죽은 몸뚱아리가 한때 살아 있는 동물이었음을 상기해 보지 않으며, 그 동물이 어떠한 고통을 받았는가를 조금도 생각해 보지 않고 혀를 만족시키기 위해 뼈를 발라 먹는다."[86]

지나치게 과한 욕심, 욕망 모두 사람들에게 주어지는 단어일 것이다. 더 소유하고 더 가지려는 그리고 더 맛있는 것을 원하는 모습은 어쩌면 우리의 일상 전반에 퍼져있다 해도 과언이 아닐 것이다. 다양한 매체를 통해 이런저런 먹거리를 소개하고, 맛집과 관련된 다양한 소개들이 등장하고 있다. 어느새 우리는 자신도 모르게 더 맛있는 것과 더 자극적인 것을 찾아 나서고 있는지도 모른다. 한편 인간은 쾌락을 절제할 수 있는 존재이기도 하다. 그 과정에서 공감은 인간이 지닌 매우 유용한 자원으로 활용될 수 있다.

누구나 상대의 고통을 외면하기 어려운 것은 그만큼 인간은 공감적 존재라는 것이다. 소나 돼지 그리고 닭을 사육하고 도살하는 장면을 목격해야지만 그 고통을 절절하게 느낄 수 있는 것만은 아닐 것이다. 왜냐하면 인간의 이기심과 탐욕 때문에 동물이 학대받고 죽임 당하고 있다는 소식을 접하는 것만으로도 고통의 전이가 가능할 수 있는 능력이 바로 공감이기 때문이다. 동물해방에 관한 피터 싱어(Peter Singer)의 주장은 무엇보다도 동물이 지각하는 고통에 대한 부분일 것이다. 누구에게 물어도 두려움 가득한 눈망울과 신음소리를 내고 있는 동물을 앞에 두고 고통을 당하고 있는 것이 아니라고 할 사람은 없을 것이다. 왜냐하면 우리는 동물에게서 표출되는 고통에 즉각적으로 감정 이입되면서 자연스럽게 공감할 수 있기 때문이다. 그래서 공감은 동물이나 자연생태계 전체에 대한 책임의 의무를 활성화할 수 있는 동력이기도하다.

3) 책임의 감정

인간을 두고 이성적 동물이라고 한다. 한편 감정의 동물이기도 하다. 감정을 어떤 상황이나 경험에서의 일시적이고 단순한 느낌으로만 치부할 수 없다. 감정에는 또 다른 힘이 있기 때문이다. 우리 마음에 행복이 가득할 때 눈앞에 닥친 일들이 희망적으로 보이기도 하고, 세상의 사물이 마냥 좋게 여겨지기도 하며 거리를 오가는 사람들의 모습이 왠지 활기에 찬 듯 생동감을 느낄 가능성이 클 것이다. 반대로 마음에 화가 잔뜩 채여 있다면 이것저것 챙겨주기 위해 이러저러한 질문을 하는 부모님에게도 시큰둥하게 반응할 여지가 많을 것이다. 그만큼 감정은 세상의 객관적인 현상이나 사물을 해석하는 데 매우 지대한 영향을 미치는 요소라고 할 수 있다. 이는 자신의 감정으로부터 중립적인 위치와 태도를 확보하면서 객관적인 눈으로 세상을 바라보기가 쉽지 않다는 의미이기도 하다.

우리는 대학을 오기까지 많은 것을 듣고 배웠다. 그 내용을 암기하고 기억하기 위해 나름의 수고를 아끼지 않았을 것이며 거기에 맞추어 시험도 많이 치러왔을 것이다. 그러나 배워서 알게 된 것을 얼마만큼 실천해왔는지 묻는다면 어떻게 답변할 수 있을까? 어느 정도 자신감을 가지고 응답할 수 있을까? 모든 사람들이 배운 만큼 실천할 수 있다면 지금과는 무척 다른 변모된 세상을 만들었을지도 모를 일이다. 가령 사람은 관계적 존재라는 것에 대해 배웠다고 하자. 그 과정에서 '아 사람은 서로 공존과 상생을 위해 이러저러한 노력을 해야 하는구나'라고 알게 되었다고 가정해보자. 그럼 그 사람의 말과 행동이 즉시 변화되고 생활 자체가 바로 바뀔까? 아마도 대부분은 그렇지 못하다는 것을 쉽게 인정할 것이다. 실천은 '아는 만큼'과 항상 비례적 관계를 유지하는 것은 아니다. 이는 아는 것을 그대로 실천한다는 것이 어렵다는 것을 의미한다.

자연생태계의 손상과 파괴가 지속될 때, 인류의 생존과 존속에 커다란 위험을 안겨줄 것을 증명하는 수많은 자료가 속속들이 등장하고 있고 많은 사람들이 이미 알고 있다. 자동차 배기가스가 환경오염과 지구온난화에 큰 영향을 준다는 사실을 많은 사람들이 인지하고 있어도, 하루아침에 대부분의 사람들이 자신의 차를 포기하거나 최소한의 자동차 사용만을 선택하면서 대중교통의 활용으로 즉각 전환하기는 불가능할 것이다.

이와 유사하게 공장식사육과 인간의 육류 섭취로 인해 동물이 학대받으며 고통당하고 있다는 지식이 결코 육류 섭취를 포기하게 만드는 결정적인 동인으로 작동한다는 확신 또한 기대하기가 어려울 것이다. 그만큼 각인된 고기 맛에 대한 인간의 애착과 감정을 포기하고 또한 지워내기가 어렵다는 것일 것이다. 그러나 이에 못지않게 감정의 전환을 위해 공감의 태도를 취하고 적극적으로 실천할 수 있는 것도 인간이다. 따라서 이 의견도 매우 가치 있는 도전방식이며 해결책일 것이다. 여기서 한 차원 더 시각을 넓혀보자. 환경오염이 날로 심각해지고 동물 학대와 고통이 지속되고 있는 현실은 생명 있는 것이 생명 없음으로 무기력하게 치닫고 있다는 것을 의미한다.

자연은 인간의 해석에 따라 혹은 그 결과를 위해 생명을 유지하는 대상이 아니다. 자연생태계의 모든 것은 본디 그 자체로서의 생명과 고유한 특성을 지니고 있다. 인간의 이용 목적이나 탐욕에 따른 천차만별의 해석과 가치부여가 없다면 자신에게 주어진 고유한 생명력을 자연의 원리에 따라 표출하고 그로 인해 자연적 수명에 따라 생명에 대한 권리를 추구할 수 있는 존재이다. 죽음이라는 것은 생명의 반대말이기도 하다. 생명이 있다가 없어진 경우 우리는 죽었다고 한다. 자연스럽게 죽음에 당도한 경우가 아니고서야 그 책임을 추궁하는 것은 당연지사일 것이다.

생태계의 위기와 생명의 파괴 앞에서 인간의 책임윤리를 강력하게 피력한 한스 요나스(Hans Jonas)는 죽음과 관련하여 생명에 대해 다음과 같이 주장한다.[87]

> 죽음에 대한 생명의 대립을 통해 존재의 자기 긍정은 강조된다. 생명은 비존재에 대한 존재의 명백한 대결이다. ...... 생명은 비존재의 가능성을 ...... 위협으로서 자신의 내면에 가지고 ...... 부정된 비존재를 통해 존재는 긍정적 관심사 즉 자기 자신의 지속적 선택이 된다. 자신의 본질에 고유하게 주어져 있는 비존재의 위험 속에서 생명 자체는 이러한 선택의 표현이다.

생명을 지니고 있다는 것은 곧 죽음의 세력을 극복하고 있는 자기 긍정으로 이해될 수 있다. 생명이 죽음의 기운을 이겨내고 있다는 말은 매우 의미심장하다. 그 문구 자체만으로도 생명의 소중함과 그 위대한 역동성에 감격스러움마저 들게 한다. 그 범위는 생명을 지닌 모든 것을 포괄하고 있다. 그러므로 살아 있다는 사실은 인간이나 동물, 식물 모두 죽음의 힘을 어떻게든 이겨내고 있다는 것인데, 이 장엄한 생명의 역동성이 인간으로 인해 작동능력이 파괴되었거나 소멸되고 상실되어 간다면 그에 대한 책임은 당연히 인간의 몫일 것이다.

한스 요나스(Hans Jonas)는 자연생태계의 위기 앞에서 그 회복을 촉구하는 책임감의 토대를 마련해주고 있다. 그에 의하면 "전체로서 또는 개별 실체 속에 구체적으로 현존하고 있는 존재를 우리가 만날 때 그것이 우리 속에 경외의 감정을 불러일으키며, 이와 함께 주관을 객관에 연결해주는 '책임의 감정'이 나와서 우리로 하여금 행동"[88] 하도록 이끈다는 것이다. 우리는 붉게 하늘을 수놓은 석양을 보면서 혹은 우연히 찾은 어느 등산길에서 만난 청솔모를 마주하며 감탄사를 연발할 때가 있다. 그 탄성은 어떤 해석이나 감정을 투여할 겨를조차 없이 오직 자연 자체로부터 전해지는 것에 대한 반응일 것이다. 동시에 '잘 보존하고 싶다'는 다짐을 자아내기도 한다.

한스 요나스(Hans Jonas)는 책임의 근본적 틀을 부모에게서 찾고 있다. 즉 "모든 사람은 부모의 보호라는 원천적 책임을 우선 스스로 경험한다. 이 근본 패러다임에서 살아 있는 생명체에 대한 책임의 결합이 가장 확실하게 분명"하게 된다는 것이다.[89] 또한 부모의 책임에 내포된 특성으로 "총체성", "연속성", "미래"를 제시하는데 "총체성"은 "직접적인 욕구뿐만 아니라 모든 가능성을 가지고 있는 전체로서의 아이가 부모의 책임의 대상"이라는 것이며, "연속성"은 "책임의 실행이 중단되어서는 안 된다"는 것을 의미하고, "미래"는 "현재를 넘어서서 관계를 맺는 것"이다.[90] 부모는 언제나 자녀의 모든 것을 과거와 현재와 미래적 시간 전체에 걸쳐서 지속적으로 관심과 더불어 책임행위를 다하고자 한다. 인간이 자연생태계를 대할 때 부모의 책임감을 지녀야 한다는 것은 그 심정이 어떠해야 할지를 충분히 가늠하게 한다.

부모와 자식의 관계는 천륜이라는 말이 있다. 부모가 그토록 자녀의 생명과 삶에 대해 갖은 노고를 아끼지 않으며 부모로서의 책임감을 다하고자 하는 숱한 모습들을 듣고 보노라면 정말 하늘이 맺어준 관계라는 생각이 전혀 어색하지 않다. 자녀는 부모의 사랑과 책임감 안에서 돌봄을 제공받고 스스로의 인생을 개척해 나갈 수 있는 동력을 마련하고 자아실현의 기반을 형성한다. 부모의 기쁨이 있다면 자녀가 생명력 있고 건강하게 그리고 행복하게 살아가는 모습일 것이다. 결과적으로 서로가 서로를 위하는 관계를 경험하게 된다. 인간이 생태계에 부모의 책임감을 지니고 대면하고 행위 한다는 것은 생태계 내 모든 생명체가 고유한 생동감을 유지하며 나름대로의 행복의 결실을 인간에게 돌려준다는 도식이 가능할 것이다.

비온 뒤 하늘을 우연히 바라본다고 상상해보자. 눈을 들어 바라본 하늘에 드리워진 무지개가 확 들어온다면 우리는 어떤 느낌이들까? 그러한 경험들이 분명 있었을 것이다. 시야에 가득 찬 무지개를 보면서 그 길이와 차지하고 있는 공간의 너비, 7가지 색깔의 농도, 선명도 등을 먼저 따지지는 않았을 것이다. 대체로 우리는 아름답다, 예쁘다, 멋지다 등을 연발하며 행복 가득한 눈망울로 무지개를 맞이할 것이다. 미세먼지 뒤에 가려진 화사한 햇살이 이따금 미세먼지를 이기고 잠시 동안 그 찬란함을 선보일 때 우리는 그 밝음에 고마움을 느낄 것이다. 그러다 태양이 먼지에 휩싸여 숨기어질 때면 미세먼지를 탓할 것이다. 그럼에도 불구하고 인간은 여전히 지금 현재의 소위 인간답다는 생활을 유지하고 발전시키기 위해 공장을 가동하고, 산을 깎아 유용한 건물을 세우고,

더 안락하고 멋진 교통수단을 활용하고, 육류와 자연물로 더 맛난 음식을 만들어내는 일에 일말의 가책도 없이 혹은 가책을 뒤로한 채 계속해서 진행하고 있다.

수업을 하다가 가끔 학생들에게 몇 가지 물어본다. 대답이 필요해서가 아니라 생각을 듣고 싶고 느낌이 어떤지 궁금해서이다. 지금 우리가 사용하고 있는 에어컨, 난방기구 그리고 이동수단을 과연 포기할 수 있을까라는 물음이며, 소위 치맥으로 유행을 타고 있는 치킨에 대한 단념, 한 때 어느 예능 프로그램을 통해 유행된 "소고기 사 묵겠지"라는 말에서 그 존재감을 재확인한 소고기와의 단절, 어느새 삼겹살과 소주 한잔으로 묘한 관계를 맺은 돼지고기와의 이별을 선포할 수 있느냐에 대한 물음이었다. 물론 아직까지 필자 스스로도 자신이 없다. 한때 생명감수성인큐베이팅 수업을 하면서 가죽점퍼를 입지 말자고 생각했다. 그리고 몇 학기 실천을 했다. 하지만 내 자신이 스스로를 속이고 있다는 생각이 들었다. 그래서 스스로에게 솔직한 수준부터 시작해야겠다는 생각으로 부끄럽지만 그 점퍼를 다시 입었다.

사회화 과정을 거치면서 우리에게 내면화된 삶의 정보와 지식은 쉽게 바뀌지 않는다. 마치 사회구조나 심리구조의 변형이 어려운 것처럼 말이다. 사회적인 차원에서 볼 때 그 사회를 지탱하는 다양한 문화와 지식들은 이미 그 사회 자체일지도 모른다. 개인에게 내면화된 요소들은 심리 내적으로 어느새 자신의 일부가 되어버렸기 때문일지도 모른다. 어쩌면 인간은 인간중심주의라는 좌석을 절대 포기하지 못하는 상황이라기보다 왜 그 자리를 내어주어야 하는지 반문을 던지고 있는 상태일 수도 있다. 결국 자연생태계에 대한 인간의 인식이 문제이다.

이준복은 "자연생태계 보호를 위한 법적 연구"에서 "야생동물을 밀렵

하는 것이 아무런 죄가 아닌 것으로 일반인에게 인식되어 왔기 때문에 법원에서조차도 가볍게 처벌하는 경향이 남아 있다는 것"으로 파악했다.[91] 그만큼 말 못하는 동물이나 식물 나아가 다양한 생태계 구성물 전체에 대해 인간이 언제나 우위이며 마음대로 사용할 권한이 있다는 선입견과 고정관념에 고착화된 인간 인식을 우리는 쉽게 접할 수 있다는 것이다. 그럼에도 불구하고 인간은 공감과 책임감을 통해 또 다른 인식과 실천의 장으로 이동할 수 있는 커다란 가능성을 지닌 존재이다. 결자해지라고 했던가! 이제 인간은 이 짧은 문구에 집중해야 할 때이다. 이를 위해 그동안 생명감수성 인큐베이팅 수업을 진행하면서 학생들이 제시한 실천 방안 중 일부[92]를 소개해본다.

(1) 수질보호

-세제 보다는 비누를 사용

[세제는 물에 녹지 않고, 거품들이 물속에 비칠 수 있는 햇빛을 가리게 되는 단점을 지님. 거품들이 물로 흘러 들어갈 경우 플랑크톤 미생물 등의 번식이 증가하지만 비누 사용 시 방지 가능]

-물을 더 적게 사용하기 위해 목욕보다는 샤워하기

-사용한 물을 재활용하기

-폐식용유는 비누로 만들어 사용하기

[폐식용유를 정화하기 위해서는 상당량의 물이 필요하고 물을 오염시키게 된다.]

(2) 대기보호

-이동수단

[대중교통이용의 활성화, 친환경 자동차 활용, 급출발이나 급정지 지양하고 공회전을 줄이기]

-가정에서

[친환경 인증 마크 제품을 사용하기, 휘발성 유기화합물이 적은 제품을 사용하기]

-음식점 및 사업장에서

[밀폐형 세탁기 설치하기, 친환경 세제 사용하기, 주유소 유증기 회수설비 설치하기]

-공장 및 공사장에서

[화물차량의 적재함 완전 밀폐하기, 건물 건축에서 수성도료 사용하기, 공사장 주변에 청소차를 운영하기]

(3) 동물보호

-동물보호단체의 확대

-동물보호법 처벌 강화하기

-유기견 입양하기

-책임감을 가지고 분양하기

-적극적이고 자발적인 신고

-길고양이들을 위해 밥주기

incubating life sensibility

3

Chapter

사회생태계 생명감수성 인큐베이팅

01 사회생태계와 생명

02 사회생태계의 생명위기 현실

03 사회생태계 생명감수성 인큐베이팅을 위한 이론과 실천들

3장

사회생태계 생명감수성 인큐베이팅

1. 사회생태계와 생명

1) 사회생태계와 생명

사회생태계란 인간 사회와 그 사회 속에 사는 사람들 간의 관계를 가리킨다. 사회생태계는 '2차 생태계'라고도 하는데, 2차 생태계로서의 사회생태계는 자연의 일부분으로서 그 자연과 조응하여 형성된 문화적 자연, 사회적 자연, 정치적 자연을 뜻한다. 이러한 사회생태계의 생명 개념은 크게 두 가지로 분류된다. 첫째 '조에(zoe)'로서의 생명과, 둘째 '비오스(bios)'로서의 생명이다.[93]

첫째, 조에는 그리스어로 모든 살아 있는 존재들의 공통점인 '살아 있다'는 단순한 사실을 가리키는 개념이다. '살아 있음' 또는 '생명력 그 자체'를 뜻하는 조에는 '날 것 그대로의 동물적인 생명', '비인간의 생명', '벌거벗은 생명'을 지칭하기도 한다. 벌거벗은 생명은 '호모 사케르(homo sacer)' 개념에서 유래하였는데, 문자적인 의미로 '신성한 사람'이라는 뜻을 가진 호모 사케르는 로마시대 법정에서 유죄판결을 받은 사람을 가리키는 말이다. 로마시대 평민들은 범죄나 불경죄를 저지른 사람들을 풍자하여 신의 영역에 속한 사람들, 즉 호모 사케르라고 불렀다. 이 호모 사케르는 제물이 될 수 없었으며, 호모 사케르를 죽인다 해도 살인죄의 적용을 받지 않는다. 제물이 될 수도 없고 살인죄의 적용 대상도 되지 않는다는 것은 호모 사케르가 신의 영역과 정치의 영역 두 영역 모두에서 배제된다는 것을 의미한다.[94] 이처럼 이중적 배제의 상태에 있는 호모 사케르는 '살아 있으나 살아 있는 것이 아닌 채로 살고 있는 존재'로서, 보호받지 못하고 폭력과 차별에 노출되어 있다. 둘째, 비오스는 그리스어로 '생명을 가지고 있는 개별 생명체'를 의미하는 개념으로서, 정치의 영역에 속하여 법의 보호를 받는 '사회적 생명'이자 '규범적 시민'을 가리킨다.

2) 생명의 등급화와 사회구조적 억압

우리가 살고 있는 사회생태계는 인간으로서 보호받지 못하는 '벌거벗은 생명'과 규범적 시민으로서 법의 보호를 받는 '사회적 생명'으로 생명이 등급화되어 있으며, 이러한 생명의 등급화는 사회생태계의 생명위기를 판단하는 핵심 기준이다. 생명의 등급화는 단일한 모습으로 나타나지 않는다. 사회생태계의 생명위기의 다양한 양상과 맞물려서 조에로서의 생명이냐 또는 비오스로서의 생명이냐로 항상 일관되거나 명확하게 양분되지 않으며, 한 개인 안에 동시적으로 또는 시차를 두고 두 가지 생명이 공존하기도 한다.

생명의 등급화는 개인의 비도덕적 행동이나 범법 행위와 같은 개인적 차원에서 비롯된 것이 아니라 사회구조적 차원에서 나타난다. 특히 사회구조적 억압의 측면에서 볼 때 생명의 등급화는 사회생태계의 생명위기의 핵심이라고 하겠다. 사회구조적 억압이란, 첫째 "자유주의 사회의 일상적인 관행 때문에 겪는 불이익과 불의"를 의미한다. 둘째, "의문의 여지가 없는 규범, 습관, 상징에 각인된 체계적인 강제"를 가리킨다. 셋째, "일상적인 상호작용, 미디어, 문화적 정형화, 그리고 관료주의적 위계구조와 시장 메커니즘의 구조적 특징 하에 있는 선량한 사람들의 무의식적인 가정과 반응 때문에 겪는 불의"를 뜻한다.[95]

이러한 사회구조적 억압은 다음과 같이 다양한 양상을 띤다.[96] 첫째, '착취(exploitation)'이다. 착취는 한 사회집단의 노동의 산물이 그 집단에게 돌아가지 않고 다른 집단의 것으로 전환되는 과정을 통해 발생한다. 자본주의 사회에서 임금 노동자는 자본가의 통제하에서 또한 자본가의 이익 때문에 자신의 몫을 정당하게 받을 수 없을 뿐만 아니라 능력을 발휘하지 못하도록 제한을 당한다. 이러한 착취는 상품의 재분배에 의해 제거되지 않는다. 제도화된 관행과 구조적인 관계가 변화되지 않은 채 여전히 남아있는 한, 불평등한 분배가 되풀이될 것이기 때문이다.

둘째, '주변화(marginalization)'이다. 이것은, 사회적 맥락에서 능력을 발휘할 수 있는 문화적, 관습적, 제도적 조건이 박탈되는 것을 의미한다. 주변화는 자유주의적 개인주의의 인간이해에서 비롯되었다. 자유주의적 개인주의는 평등한 시민의 조건을 합리적이고 자율적이며 독립적인 인간으로 규정하기 때문에, 그러한 기준에서 벗어나는 집단은 주변인으로 간주된다.

셋째, '무권한(powerlessness)'이다. 무권한은 능력을 계발하고 발휘할 기회가 거의 없는 부수적 사회 지위에서 비롯된다. 권력이 없는 사람들은 자율성을 거의 가지지 못한 채 노동하며, 창조성이나 판단력을 발휘할 수 없다. 또한 기술적 전문성이나 권위가 없으며 자기 자신을 표현하는 것이 서투르고 따라서 존중받지 못하며 신뢰받지 못한다.

넷째, '문화제국주의(cultural imperialism)'이다. 문화적 제국주의란 한 사회의 지배집단의 경험과 문화가 보편화되고 규범화되는 것을 의미한다. 그 결과, 한 사회의 지배적인 문화적 산물은 그 사회의 지배집단의 경험, 가치, 목표, 그리고 업적이 반영된 것이다. 지배집단의 문화적 표현만이 광범위하게 유포되기 때문에, 그것은 규범적이거나 보편적인 것이 되며 따라서 일상적인 것이 된다. 그러므로 지배집단은 다른 집단이 표출하는 차이를 결핍과 부정적인 것으로 인식한다. 한편, 피지배집단은 지배집단에 의한 정형화되고 열등한 본질 규정을 내면화한다. 또한 피지배집단은 비가시적인 존재가 된다. 이는 지배집단이 자신의 문화적 표현 속에 반영된 관점을 하나의 관점일 뿐이라는 것을 인식하지 못한 데서 비롯된 것이다. 지배집단의 문화적 표현에는 다른 집단의 경험을 위한 여지가 거의 없다. 그러므로 피지배집단의 경험과 해석은 지배문화에 거의 영향을 줄 수가 없는 반면, 지배집단은 자신의 경험과 해석을 피지배집단에게 부과한다.

다섯째, '구조적 폭력(systematic violence)'이다. 단지 특정한 집단의 구성원이라는 이유만으로 폭력이 그 구성원에게 가해질 때 그것은 구조적 폭력에 해당한다. 폭력은 그것이 발생하고 또 발생할 가능성을 사회의 모든 사람이 알고 있다는 점에서 하나의 사회적 관행으로 볼 수 있다. 폭력은 특정한 집단이 직접적인 희생자가 되는 것뿐만 아니라, 그 집단의 구성원이라는 이유만으로 폭력의 대상이 될 수 있다는 공유된 인식까지도 포함하는 개념이다. 피억압집단의 구성원들은 그러한 폭력의 위협 속에서 자유와 존엄성을 박탈당하며 에너지를 불필요하게 소비한다.

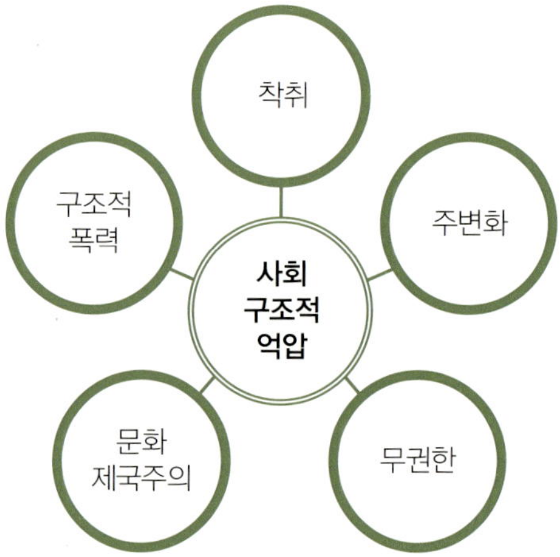

2. 사회생태계의 생명위기 현실

여기서는 사회생태계의 생명위기의 핵심인 생명의 등급화가 착취, 주변화, 무권한, 문화제국주의, 구조적 폭력과 같은 사회구조적 억압의 다양한 양상으로 나타나는 생명위기의 현실 중에서 폭력, 사회적 소수자 차별, 개인의 자기결정권에 대한 국가의 통제라는 세 가지 주제를 중점적으로 다루고자 한다. 각 주제의 범주에는 세부적 이슈 두세 가지가 포함되어 있다. '폭력' 주제는 성폭력, 가정폭력, 학교폭력의 이슈를 중심으로 살펴볼 것이다. '사회적 소수자 차별' 주제는 성차별, 장애인차별, 이주민/난민 차별 이슈를 다룰 것이다. '개인의 자기 결정권에 대한 국가의 통제' 주제에서는 낙태금지법, 히잡의 강제적 탈착용 이슈를 논의할 것이다.

1) 폭력

폭력은 좁은 의미에서 물리적이고 신체적인 폭력을 가리키지만, 넓은 의미에서 볼 때 폭력은 '당사자가 원하지 않음에도 불구하고 강제되는 모든 것'을 의미한다. 또한 폭력은 "생명체의 존재 그 자체를 긍정하지 못하는 자세"라고 정의된다. 왜냐하면 폭력은 인간의 존엄성이나 생명에 대한 존엄성이 사라질 때, 생명 가진 존재를 업신여길 때 발생하기 때문이다.[97] 이렇게 볼 때 어떤 것을 폭력이라고 규정하는 근거는 '강제성'과 '존재의 업신여김'에 있다고 하겠다.

(1) 성폭력

성폭력은 '인간의 성적 자기 결정권을 침해하는 모든 행위'를 가리킨다. 성폭력은 상대방의 의사에 반(反)하여 가하는 성적 행위로서 모든 신체적, 언어적, 정신적 폭력을 포괄하는 광범위한 개념이다. 즉, 성폭력은 물리력을 사용하거나 우월한 지위를 이용하여 상대방의 성적 자기 결정권을 강제로 침해하는 모든 행위이다. 성폭력은 직접적인 성폭력과 간접적인 성폭력으로 분류된다. 직접적인 성폭력에는 강간, 성추행, 성희롱(신체적, 언어적 성희롱 포함), 성기 노출, 음란전화 등이 포함된다. 간접적인 성폭력이란, 상대방으로 하여금 성폭력에 대한 막연한 불안감이나 공포감을 조성할 뿐만 아니라 그것으로 인한 행동제약을 유발시키는 것을 말한다.

〈표 2〉 성폭력의 분류

직접적인 성폭력	간접적인 성폭력
강간, 성추행, 성희롱(신체적, 언어적 성희롱 포함), 성기 노출, 음란전화 등	상대방으로 하여금 성폭력에 대한 막연한 불안감이나 공포감을 조성할 뿐만 아니라 그것으로 인한 행동제약을 유발시키는 것

성폭력에 대한 올바른 인식을 가로막는 장애물이 있는데, 그것은 성폭력에 대한 잘못된 통념이다. 성폭력에 대한 잘못된 통념은 성폭력 피해자들을 힘들게 할 뿐만 아니라, 남성은 가해자 또는 잠재적 가해자로 여성은 피해자 또는 잠재적 피해자로 일반화시킴으로써 남녀 모두를 비인간화시킨다. 아래 각 항목의 물음표가 붙은 첫 문장은 성폭력에 대한 잘못된 통념을 나타내며, 그 뒤에 이어지는 문장은 그 통념이 왜 잘못된 것인지를 설명하고 있다.[98]

- **강간만이 성폭력이다?** 성폭력은 강간, 성추행, 성희롱, 성기 노출, 음란전화 등과 같은 직접적인 성폭력뿐만 아니라, 상대방으로 하여금 성폭력에 대한 막연한 불안감이나 공포감을 조성하고 그것으로 인한 행동제약을 유발시키는 간접적

인 성폭력도 포괄한다.

- **성폭력 가해자는 대부분 낯선 사람이다?** 낯선 사람이 성폭력 가해자일 때도 있지만, 통계에 따르면 평소에 알고 지내는 사람이 성폭력 가해자인 경우가 80% 이상을 차지한다고 한다. 사람들이 이러한 잘못된 통념을 가지게 되는 이유는 미디어나 뉴스에서 낯선 사람에 의해 발생하는 성폭력 사건을 주로 보도하거나 재현하기 때문이다.
- **부부 간에 강간이란 있을 수 없다?** 우리 사회 통념상 부부는 서로 성관계를 요구할 수 있는 권리를 합법적으로 인정받았다고 생각한다. 그러나 아무리 부부 사이라도 상대방의 의사를 존중하지 않는 성관계는 강간에 해당되며, 〈성폭력범죄의 처벌 등에 관한 특례법〉이 규정한 "성폭력범죄"에 해당된다.
- **여성들의 심한 노출이 성폭력의 주범이다?** 조사결과에 따르면, 어린이 성폭력이 전체 성폭력의 30%를 차지하며, 성폭력이 여름에만 발생하는 것은 아니라고 한다. 여성을 인격적인 존재로 보기보다는 남성의 성적 대상으로만 보는 성문화가 문제다.
- **성폭력은 젊은 여성들에게만 일어난다?** 조사 자료에 의하면 성폭력 피해자의 30% 이상이 13세 미만의 어린이이며, 그중 10%는 남자 어린이라고 한다. 최근 언론 보도에 따르면 여성뿐만 아니라 남자 어린이와 남자 청소년도 성폭력의 피해자임을 알 수 있다.
- **성폭력은 남성의 억제할 수 없는 성충동 때문에 일어난다?**

이러한 통념은 남성 중심적인 문화의 산물에 불과하다. 대부분의 성폭력, 특히 강간은 계획적인 경우가 70% 이상이라고 한다.

- **나에게는 일어날 수 없는 일이다?** 성폭력은 특정 연령, 계층, 성별, 장소를 불문하고 누구에게나 일어날 수 있는 일이다.
- **성폭력으로 인한 상처는 치유되기 어렵다?** 성폭력을 경험하면 신체적 · 심리적으로 어려움을 겪을 수 있지만, 적절한 개입과 상담을 통해 성폭력으로 인한 어려움을 극복할 수 있다. 이때 필요한 것은 피해자가 고립되지 않고 상황을 헤쳐 나갈 수 있도록 탄탄한 사회적 지원체계를 만드는 것이다.

(2) 가정폭력

가정폭력이란 "가정구성원 사이의 신체적, 정신적 또는 재산상 피해를 수반하는 행위"[99]를 가리킨다. 이러한 가정폭력은 가정구성원 사이에 폭력으로 상대방을 억압하고 통제하는 상황과, 신체적·정서적·경제적·성적인 학대 행위 등을 포함한다.[100] 가족구성원으로는 배우자 또는 배우자였던 사람, 사실혼 관계에 있는 사람, 본인 또는 배우자와 직계존비속 관계에 있거나 관계였던 사람(사실상의 양친자관계 포함), 계부모와 자녀 관계 또는 적모와 서사 관계에 있거나 있었던 사람, 동거하는 친족이 해당된다.

가정폭력은 첫째, 배우자 폭력, 아동학대, 노인학대가 중첩된 양상으로 나타난다. 예를 들면, 자녀에게 폭력을 행사하는 것은 아동학대인 동시에 가정폭력에 해당되며, 본인이나 배우자의 직계존속을 학대하는 것은 노인학대인 동시에 가정폭력이라는 것이다. 둘째, 가정폭력은 소위 사적 영역인 가정에서 발생하기 때문에 가족 간의 사소한 불화 또는 사생활로 인식되어 외부에서 인지하기 힘들며 공론화되지 않고 은폐되는 경향이 높다. 셋째, 가정폭력은 친밀한 관계에서 발생하기 때문에 가해자와 피해자의 폭력 감수성을 둔화시키고 폭력을 일상적인 일로 수용하게 함으로써, 폭력이 지속적이고 반복적으로 나타난다.[101]

가정폭력은 크게 신체적 폭력, 정서적 폭력(언어적 폭력 포함), 경제적 폭력, 성적 폭력의 네 가지 유형으로 분류된다.

〈표 3〉 가정폭력의 유형[102]

가정폭력의 유형	세부적 행위
신체적 폭력	– 폭행, 신체 억압 – 감금하거나 행동의 자유를 구속함 – 물건을 던지거나 흉기로 위협함 – 원치 않는 노동(일)을 강요함
정서적 폭력 (언어적 폭력)	– 욕설, 폭언 – 가족을 비난하거나 모욕함 – 정서적 위협 – 비현실적 기대 또는 강요 – 비교 · 차별 · 편애하는 행위 – 심리적 괴롭힘 – 외부와 관계를 단절시킴 – 일거수일투족 감시 – 물리적 · 교육적 · 의료적 방임 또는 유기 – 자녀를 이용한 협박과 모욕

경제적 폭력	– 경제적 방임 · 유기 – 양육비 미지원 – 경제 활동 통제 – 지출 목록 감시 – 부양을 전제로 재산상속 증여 후 부양의무를 이행하지 않음
성적 폭력	– 성적 자기결정권 침해 – 부부 강간 – 강제 불임 및 낙태 – 자녀에 대한 성적 학대 – 성매매를 시키거나 성매매를 알선 · 매개하는 행위

(3) 학교폭력

〈학교폭력예방 및 대책에 관한 법률〉은 학교폭력을 "학교 내외에서 학생을 대상으로 발생한 상해, 폭행, 감금, 협박, 약취·유인, 명예훼손·모욕, 공갈, 강요·강제적인 심부름 및 성폭력, 따돌림, 사이버 따돌림, 정보통신망을 이용한 음란·폭력 정보 등에 의하여 신체·정신 또는 재산상의 피해를 수반하는 행위"라고 정의하고 있다. 그런데 이러한 개념 정의는 논란의 소지가 있다는 비판을 받는다. 학교폭력이 학교 내외에서 학생을 대상으로 발생한 여러 형태의 폭력이라고 할 때, 학교 혹은 학교 관계자들이 폭력을 행사하는 주체로 오해받을 수 있으며, 학교 내에서 일어나는 폭력만이 학교폭력으로 이해될 가능성이 높고, 교사의 학생 체벌, 학부모의 학생 폭행, 학교에 다니지 않는 사람의 학생 폭행, 학생들 사이의 우발적 싸움 등도 학교폭력으로 규정될 수 있기 때문이다.[103] 하여 이런 논란으로부터 자유로운 학교폭력 개념을 재정의하면 다음과 같다. 즉, 학교폭력은 "동일 학교를 인연으로 하여 맺어진 인간관계에 따라 1인 혹은 그 이상의 학생이 어느 특정 학생에게 계획적, 의도적, 지속적으로 가하는 각종 폭력"이며 이것은 "다수(혹은 집단)에게 공유"된다.[104]

학교폭력 개념을 이렇게 정의할 경우, 학교폭력은 다음과 같은 몇 가지 특징을 가진다. 첫째, 학교폭력은 학교 내외를 불문하고 발생한다. 학교에서 맺어진 인간관계로 학교폭력이 일어났다면 학교 밖에서 발생한 폭력도 학교폭력이기 때문이다. 둘째, 잔인한 학교폭력이 일상화, 집단화되고 있다. 비행학생뿐만 아니라 보통의 학생들도 폭력을 행하며, 혼자서 하기 보다는 2인 이상의 집단을 이루어 폭력 행위를 하고 있다는 것이다. 셋째, 2인 이상이 한명의 학생에게 심한 욕설을 하거나 장기간의 따돌림과 괴롭힘을 가하고, 피해자가 가해자로 바뀌기도 한다.[105]

2) 사회적 소수자 차별

차별은 넓은 의미에서 폭력이라고 할 수 있다. 차별이란 '특정한 기준에 근거한 정신적, 물리적, 법/제도적 피해와 불이익'을 가리킨다. 이때 '특정한 기준'이란 소위 사회적 다수자가 정상적, 객관적, 상식적이라고 생각하는 기준이다. 필자가 보기에, 우리 사회는 소위 정상과 소위 비정상을 엄격하게 구분하고 그 구분에 기초해서 비정상을 차별하는 사회이다. 그런데 누가, 어떤 기준으로, 정상과 비정상을 구분하는가? 정상과 비정상은 사회적 다수자가 객관적으로 혹은 객관을 가장하여 정한 기준으로 나눈 것이라고 하겠다. 사회적 다수자란 가시적인 양적인 규모에 상관없이 한 사회의 주류를 형성하는 집단과 그 주류집단을 준거기준으로 삼는 사람들을 가리킨다. 사회적 다수자들이 객관을 가장하여 기준을 정한다 함은, 자신들의 기득권을 유지하는 데에 유리한 기준을 객관의 미명하에 정한다는 뜻이다. 한편 이들이 그러한 의도 없이 객관적으로 기준을 정했다 할지라도 그것이 편견과 왜곡된 지식에 기초한 것이라면 문제가 있다 하겠다.[106]

이러한 맥락에서 볼 때, 사회적 소수자는 사회적 다수자 바깥에 있는 사람들이라고 하겠다. 그런데 사회적 소수자 개념과 기준은 획일적이거나 고정불변한 것이 아니라, 시대와 지역과 집단과 개인에 따라 유동적이다. 그 이유는 첫째, 하나의 특정 기준에 따라서는 사회적 소수자인 사람이 다른 특정한 기준에 따라서는 사회적 다수자가 되기도 하기 때문이다. 둘째, 특정인 또는 특정 그룹을 가리켜 사회적 소수자라고 할 때 타인의 규정과 본인의 인식이 항상 일치하지 않기 때문이다. 즉, 타인이 어떤 사람을 사회적 소수자로 규정해도 그 사람 본인은 자기 자신을 사회적 소수자로 인식하지 않을 수도 있다는 것이다.

(1) 성차별

성차별이란, 성의 차이에 기초한 차별을 뜻한다. 성의 차이는 일반적으로 '사회 문화적 성의 차이(gender difference)'를 가리키는데, 타고난 생물학적 성(sex)의 차이는 그 자체보다는 사회 속에서 의미가 발생하기에 사회 문화적으로 규정된 성의 차이가 성차별의 기초가 된다. 섹슈얼리티(sexuality)의 차이도 성차별의 한 유형인 성소수자 차별의 기초가 되기는 하지만, 여기서는 사회 문화적 성의 차이에 기초한 성차별을 중점적으로 다루고자 한다. 사회 문화적 성의 차이에 기초한 성차별에는 성역할 고정관념으로 인한 성차별, 관행에 의한 성차별, 의사결정구조에서의 성차별 등이 있다.

① 성역할 고정관념으로 인한 성차별

성역할은 '여성과 남성에게 사회 문화적으로 부여된 일련의 특성과 행동'을 뜻한다. 이러한 성역할을 의도적인 학습인 사회화의 결과가 아니라 자연스럽고 당연한 것이라고 생각하는 것이 성역할 고정관념이다. 여성의 고유한 영역은 소위 사적 영역이라고 불리는 가정이고 남성의 영역은 소위 공적 영역인 사회라는 성역할 고정관념은, 여성의 임금노동의 가치를 하락시키며 여성의 저임금을 합리화하는 근거가 된다.

이렇게 공·사 영역을 성별화하는 논리는 소위 공적 영역 및 그와 관련된 권리로부터 여성을 배제시킬 뿐만 아니라, 소위 사적 영역에서도 여성에 대한 남성의 지배를 정당화하는 기제로 작용한다. 최근 한국사회에서 전업주부 엄마를 비하하는 '맘충'이라는 표현이 등장한 것도 이와 무관하지 않다고 하겠다. 공·사 영역을 엄격하게 분리할 수 없으며 이 두 영역을 성별화하는 것은 절대적인 근거가 있는 것이 아니라는 주장이 제기되고 있지만, 현실적으로 우리 사회에서 '성별화된 공·사 영역 개념'이 여전히 작동하고 있다.

2016년에 출간된 소설 『82년생 김지영』은, 이러한 성역할 고정관념이 한국사회에 뿌리 깊게 자리 잡고 있으며 영향력을 발휘하고 있음을 보여 주었다. 소설 속에서는 물론이고, 세대를 망라한 독자들의 공감이 한국 사회의 그러한 현실을 입증해 준다. 여성과 남성이 동등한 교육을 받고 동등한 직업의 기회를 가질 수 있다고 하지만, 여전히 작동하고 있는 성역할 고정관념이 여성을 차별하고 움츠리게 한다. '21세기는 여성의 시대'라는 모토하에 국가경쟁력 강화를 위한 여성 노동력의 중요성을 강조하는 반면, 국가경쟁력의 한 요소인 인구의 감소 원인 중의 하나를 여성의 사회 진출로 인한 출산 기피로 봄으로써 여성에게 국가경쟁력 약화의 책임을 전가하고 있는 것이 우리 사회의 현실이다. 더구나 정작 여성이 임신, 출산, 육아를 하게 될 경우에도 모든 여성이 제도적 지원을 받는 것이 아니기 때문에 직장과 가정을 양립하기 보다는 여전히 양자택일을 고민해야 하는 상황이다.

'82년생 김지영'의 어머니 세대도, '82년생 김지영' 세대도, 『82년생 김지영』을 읽는 20대 청년 세대도, 정도와 형태가 다를 뿐, 성역할 고정관념으로부터 자유롭지 못한 것이 아닐까? 성역할 고정관념이 주된 기제로 작동하는 사회에서는 여성도 남성도 성의 차이 이전에 개성을 가진 한 개체 인간으로서 정당하게 대우받지 못한다. 사회 문화적으로 부여된 틀에서 벗어날 경우, 예외적인 관심과 비난을 감수해야 한다.

② 관행에 의한 성차별

사전적인 의미로 관행은 "사회에서 예전부터 버릇처럼 관습에 따라 하는 일"[107]이다. 즉, 관행은 합리적인 판단과 성찰에 의한 것이 아니라, "의문의 여지가 없는 규범, 습관, 상징에 각인된 체계적인 강제"[108]인 셈이다. 관행에 의한 성차별을 문제 삼는 것은 쉬운 일이 아니다. 관행은 한 사회를 현상 유지시키는 기제 중의 하나이기 때문이다. 관행으로 유지되는 현실에서 기득권을 누리는 사람들과 그 현실을 별다른 문제의식 없이 수용하는 사람들의 명시적 또는 암묵적인 반대에 부딪혀, 오히려 문제제기한 사람이 문제 있는 사람으로 간주되기도 한다.

오마이뉴스가 의뢰하여 리얼미터가 2019년 1월 29일 전국 19세 이상 성인남녀 504명을 대상으로 조사한 〈가족호칭 성차별 인식 조사〉는 관행에 의한 성차별을 어떻게 생각하는지를 단적으로 보여준다. 또한 그 조사 결과에 대한 반응을 통해서 관행을 문제 삼는 것에 대한 부정적인 인식을 알 수 있다. 이 조사는 여성가족부가 남성 중심 가족 호칭을 개선하기로 한 상황에서 국민들의 인식을 알아보기 위한 것이었다. '도련님 vs 처남' 호칭의 성차별성을 묻는 설문조사 결과, 응답자의 49.5%는 '성차별적이지 않다'고 했고 응답자의 31.9%는 '성차별적이다'라고 응답했다. 그러나 성별, 연령대별로는 인식의 차이가 나타났다. 남성은 63.9%, 여성은 35.3%가 '성차별적이지 않다'라고 응답한 반면, '성차별적이다'라고 응답한 비율은 여성 45.0%, 남성 18.7%였다. 특히 20대, 30대, 40대 여성들은 60% 이상이 '성차별적'이라고 응답했다. 연령대별로 볼 때, 20대와 30대와 40대에서는 '성차별적이다'와 '성차별적이지 않다'라는 응답이 오차 범위 내에서 비슷한 비율인 반면, 50대와 60대 이상에서는 '성차별적이지 않다'라는 응답 비율이 거의 60%에 가까울 정도로 높게 나타났다.

여성가족부의 개선 표명과 오마이뉴스의 설문조사 자체가 관행에 의한 성차별이 한국 사회에 존재함을 보여주며, 그 결과도 성별과 연령대별로 인식의 차이가 있기는 하지만 49.5%가 '성차별적이지 않다'고 응답한 것으로 보아 관행에 의한 성차별이 한국 사회에 뿌리 깊다는 것을 시사한다.

③ 의사결정구조에서의 성차별

세계경제포럼(WEF)이 발표한 〈2018 세계 성 격차 보고서〉에 따르면, 149개국 중 한국의 성 격차 지수(Gender Gap Index) 순위는 115위라고 한다. 반면에 유엔개발계획(UNDP)이 발표한 〈2018 인간 개발 보고서〉의 성 불평등 지수(Gender Inequality Index)에서는 한국이 성 평등 순위 10위를 차지했다.[109] 이러한 격차가 발생한 이유는 두 조사에서 다루는 영역과 세부지표 그리고 산출방식이 다르기 때문이다. 세계경제포럼은 4개 영역과 14개의 세부지표를 통해 남녀 성별 간 비교를 하는 반면, 유엔개발계획은 3개 영역과 5개의 세부지표를 통해 '여성이 어떤 수준의 삶을 사는가'에 초점을 맞추고 있다.[110]

〈표 4〉 유엔개발계획의 성 불평등 지수

영역	세부지표
생식건강	모성 사망률
	청소년 출산율
여성권한	여성 국회의원 비율
	중등교육 이상 받은 인구
노동참여	경제활동 참가율

〈표 5〉 세계경제포럼의 성 격차 지수

영역	세부지표
경제적 기회와 참여	전문직 및 기술직
	입법자 및 고위관리자
	유사업무 임금평등
	추정소득
	노동 참여
교육적 성취	문해율
	초등교육 취학률
	중등학교 취학률
	3차 교육(대학 및 직업교육) 취학률

건강과 생존	출생 성비
	기대수명
정치적 권한 부여	국회의원 비율
	장관 비율
	여성 국가 수장의 재임 기간

유엔개발계획의 성 불평등 지수 순위를 보면 한국 여성들의 삶의 수준이 향상되었다고 평가되지만, 세계경제포럼의 성 격차 지수에 의하면 의사결정구조에서의 성차별을 보여주는 경제적 기회와 참여의 영역에서 한국은 최하위 그룹에 속한다. 통계 지표를 일반화할 수 없지만, 현재 한국 사회의 의사결정구조에서의 성차별은 크게 나아지지 않았다고 하겠다.

(2) 장애인차별

장애인차별이란 "장애를 이유로 정치·경제·사회·문화생활의 모든 영역에서 장애인을 차별"[111]하는 것이다. 〈UN 장애인 권리 선언〉에 의하면, 장애인이란 "선천적으로나 후천적으로 신체적 또는 정신적 능력이 부족하게 되어 스스로는 정상적인 개인생활이나 사회생활에 필요한 것을 전혀 갖출 수 없거나 부분적으로 갖출 수밖에 없는 사람"을 가리킨다.[112] 한국의 〈장애인복지법〉과 〈장애인차별금지 및 권리구제 등에 관한 법률〉이 정의한 장애인 개념은 UN의 이 선언과 같은 맥락에 있다고 평가된다.[113] 〈장애인복지법〉은 장애인을 "신체적·정신적 장애로 오랫동안 일상생활이나 사회생활에서 상당한 제약을 받는 자"라고 정의하고 있으며,[114]

〈장애인차별금지 및 권리구제 등에 관한 법률〉에 따르면 장애인은 "신체적·정신적 손상 또는 기능상실이 장기간에 걸쳐 개인의 일상 또는 사회생활에 상당한 제약을 초래하는 상태"에 있는 사람을 의미한다.[115]

한국은, 1975년에 채택된 〈UN 장애인 권리 선언〉과 그 후속으로 2006년에 채택된 〈UN 장애인 권리 협약〉을 2010년에 비준함으로써, 외견상으로는 장애인 인권에 대해 국제적으로 협력하고 노력해 온 것으로 평가된다. 또한 "모든 생활영역에서 장애를 이유로 한 차별을 금지하고 장애를 이유로 차별받은 사람의 권익을 효과적으로 구제함으로써 장애인의 완전한 사회참여와 평등권 실현을 통하여 인간으로서의 존엄과 가치를 구현"하기 위해 〈장애인차별금지 및 권리구제 등에 관한 법률〉을 제정하고, 장애인차별에 해당하는 행위를 현행법으로 규정하고 있다.

그러나 현실적으로 장애인에 대한 한국사회의 인식과 태도는 차별적이다. 국제적인 노력과 법률제정 및 시행에도 불구하고, 장애인차별이 존재하는 이유는 "아직도 우리 사회가 장애인들에 대한 차별과 배제의 문제를 장애 그 자체의 문제로만 생각하고, 비장애인들의 사회적 인식과 연결시켜서 보지 못하기 때문이다."[116] 즉, 장애인차별의 원인은 장애 그 자체 때문이 아니라 장애를 바라보는 사회적 인식에 있다는 것이다. 또한 장애인차별은 "사회가 적절한 지원을 하지 못함에 따라 장애인의 완전한 사회참여를 가로막는 사회 환경의 장벽에 의해 발생"[117]한다. '서울 강서구 특수학교 설립 반대'[118]는 한 사람의 시민으로서 장애인이 사회에 참여할 기회를 차단하는 사회 환경의 장벽이 무엇인가를 단적으로 보여준다.

장애는 한 개인이 처해 있는 여러 상태들 중의 하나일 뿐이다. 장애인은 고유의 인격과 권리와 개성을 가진 개별적 인간이며 시민이다. 그러나 장애라는 단 하나의 요소로 그 개인을 설명할 수도 이해할 수도 없음에도 불구하고, 또한 개별적 존재인 한 사람의 장애인 당사자가 그것을 원하지 않음에도 불구하고, 장애인에 대한 한국사회의 차별적인 인식과 태도는 장애인의 인권을 침해하고 시민권을 제한하는 다양한 형태로 표출되고 있다.

(3) 이주민/난민차별

전 세계는 20세기 말 이래로 '이주의 시대'를 맞이하고 있으며, 세계화는 이를 더욱 가속화시키고 있다고 평가된다. 이러한 이주의 시대에 많은 사람들이 여러 가지 이유로 국경을 넘나들게 됨에 따라 '다문화사회' 현상이 나타나고 있다. 다문화사회란 인종적, 문화적으로 다양한 배경을 가진 사람들이 공존하는 사회를 의미한다. 이때 '공존'의 양태에 따라 그 사회의 성숙도와 인권감수성의 정도를 알 수 있다. 인구통계학적 관점에서 볼 때 다문화사회는 인종적, 문화적 배경을 달리 하는 외국 태생의 인구 구성 비율이 전체 인구의 5% 이상을 차지하는 사회를 가리킨다.[119] 통계청이 실시한 〈인구주택총조사〉 전수집계 결과에 따르면 2017년 11월 1일 기준 한국에 거주하는 총 인구(외국인 포함)는 5,142만 명이며, 외국인은 148만 명으로 총 인구의 2.9%이다.[120] 2017년 현재 기준으로 볼 때 한국사회는 아직 본격적인 다문화사회는 아니지만, 다문화사회로 진입 중이다.

다문화사회로 진입 중인 한국사회의 다문화사회를 구성하는 사람들은 크게 이주민과 난민으로 분류된다.[121] 이주민에는 외국인노동자, 결혼이주민, 유학생 등이 있다. 이주민 중 가장 높은 비율을 차지하는 외국인노동자는 한국의 산업현장에 유입되어 한국인 노동자만으로는 부족한 노동력을 제공함으로써 한국 경제에 기여했음에도 불구하고 임금차별을 비롯한 인권의 사각지대에 놓여있다. 결혼이주민은 혼인으로 한국에 온 사람과 혼인 유지를 위해 귀화하여 한국 국민이 되거나 영주하는 사람들을 가리킨다. 2002년 이후로 급격히 증가한 결혼이주민은 법적, 제도적으로 매우 취약한 지위에 있으며, 특히 결혼이주민의 다수를 차지하는 결혼이주여성들 중 한국에 비해 가난하고 저개발국가 출신의 여성들은 자국의 문화를 존중받지 못하거나 가정폭력의 피해자가 되기도 한다. 한국의 일부 대학에서는 한국에 공부하러 온 유학생들을 학교 발전과 유지의 도구적인 대상으로 인식하는 경향을 보이기도 한다.

난민은 다문화사회를 구성하는 사람들 중 가장 소수자라고 평가된다. 난민이란 사전적 의미로는 "전쟁이나 재난 따위를 당하여 곤경에 빠진 사람"을 가리키지만, 넓은 의미로 볼 때 '인종, 종교, 정치적 입장, 사상의 차이로 인해 법과 제도의 보호를 받지 못하는 외부자가 된 사람'을 뜻한다. 이렇게 볼 때, 우리는 정치난민, 환경난민, 경제난민, 사회문화난민 등 다양한 난민들을 만나게 된다. 2015년 9월 터키 보드룸 해변에서 발견된 세 살배기 시리아 난민 아일란 쿠르디의 시신은 그간 난민에 대해 냉담했던 국제사회의 태도를 변화시켰으며, 우리로 하여금 난민에 대해 생각하도록 하는 계기가 되었다고 평가된다.

한국 사회에서 난민에 대해 본격적으로 관심을 갖고 생각하게 된 계기는, 2018년 제주도로 입국하여 급격히 증가한 '예멘 난민' 이었다. 예멘 내전을 피해 예멘을 탈출하여 제주도로 온 500여 명의 예멘 난민들의 존재와 그들 중 대다수의 난민 신청에 대해 한국 사회의 반응은 난민거부 청와대 청원부터 난민과의 연대에 이르기까지 다양하게 나타났다. 한국은 〈난민의 지위에 관한 협약〉에 가입한 국가로서 난민 신청에 대해 절차에 따라 책임 있게 시행해야 할 의무가 있다.

3) 개인의 자기결정권에 대한 국가의 통제

개인의 자기결정권은 개인의 행복추구권에 포함되며, 개인의 행복추구권은 개인의 자유에 해당된다. 개인의 자기결정권에 대한 국가의 통제 문제는 "국가는 개인의 자유를 어떤 경우에 어느 정도까지 정당하게 구속할 수 있는가?"라는 질문과 연관되어 있다. 자유주의 국가론의 철학적 토대를 완성했다는 평가를 받는 존 스튜어트 밀(John Stuart Mill)에 의하면, 인간사회에서 개인이든 집단이든 그 어느 누구든 타인의 행동의 자유를 침해할 수 있는 것은 '자기보호'를 위한 경우 외에는 없다고 한다. 밀은 자유의 기본 영역을 세 가지로 분류하였다. 첫째, 양심의 자유, 생각과 감정의 자유, 표현의 자유 등이 속하는 내면적 의식의 자유이다. 둘째, 개인의 기호를 즐기고 개인의 희망을 추구할 자유이다. 셋째, 타인에게 해를 끼치지 않는 한, 강제적으로나 속아서 그런 것이 아니라면, 모든 개인은 결사의 자유를 가진다는 것이다.[122]

이러한 개인의 자유에 기초한 개인의 자기결정권을 국가가 제한, 구속, 통제할 정당성은 무엇인가? 개인의 자기결정권 행사로 인해 국가의 존립(자기보호)이 위협당한다는 것을 국가가 설득력 있게 말하지 못한다면, 국가의 통제의 정당성은 인정될 수 없다고 하겠다. 여기서는 개인의 자기결정권에 대한 국가의 통제를 대표적으로 보여주는 사례로서 낙태금지법과 히잡의 강제적 탈착용을 다루고자 한다.

(1) 낙태금지법

2019년 4월 11일 헌법재판소는 낙태금지법에 대해 '헌법불합치' 결정을 내렸다. 자기낙태죄와 동의낙태죄를 규정한 형법 269조와 270조가 임산부의 자기결정권을 침해하는 위헌이라며 2017년 2월 산부인과 의사 A씨가 제출한 헌법소원에 대해, 헌법재판소가 재판관 7대 2 의견으로 위헌 결정한 것이다. 낙태금지법 헌법불합치 결정에 따라, 국회는 2020년 12월 31일까지 낙태죄 관련 법조항을 개정해야 하며 이 기한까지 법이 개정되지 않을 경우 낙태죄 규정은 전면 폐지된다.

한국사회에서 여성의 임신과 출산과 낙태는 정부의 인구정책에 의해 통제되어 왔다. 낙태죄를 규정하고 있는 낙태금지법은 1953년에 제정된 이래 2019년 헌법불합치 판정을 받기까지 66년을 지속되어 왔다. 그러나 낙태는 낙태금지법이 엄연히 존재함에도 불구하고 정부의 인구정책에 따라 인구 억제책의 하나로 공공연하게 이루어졌다. 모자보건법 제14조에 명시되어 있는 낙태 허용한계를 정부의 인구억제정책 기조에 맞추어 자의적으로 적용한 것이다. 유명무실했던 낙태금지법이 강화된 것은 저출산 문제가 심각해진 2000년대부터라고 진단된다. 저출산의 책임을 여성에게 전가하면서 낙태죄를 규정한 낙태금지법을 통해 여성의 몸을 국가가 다시 통제한 것이다.

기존 낙태 논쟁은 '생명권(Pro-Life) 대 선택권(Pro-Choice)'이라는 단순 논리로만 인식된 측면이 없지 않다. 태아의 생명권과 임산부의 선택권이 대립하는 양상으로만 부각된 낙태 논쟁은 '잘못 놓여진' 논쟁이라고 하겠다. 본래 임산부의 선택권이라는 것은 '재생산 선택권(Pro-Creative Choice)'을 가리키는 것이지, 무조건적인 낙태 찬성이 아니기 때문이다.[123] 임산부가 출산할 것인지 말 것인지를 결정할 때 임산부 자신의 삶(Life) 전체를 놓고 고려해야 한다는 점에서 '임산부의 선택권'은 '임산부의 생명권'의 다른 이름이었던 것이다. 즉, 태아의 생명권과 임산부의 생명권은 대립하는 주장이 아니라 함께 논의해야 하는 입장이다. 낙태금지법 헌법불합치 결정은, 낙태금지법이 태아의 생명도 임산부의 삶도 보호하거나 지원할 수 없다는 사회적 목소리가 반영된 것이며, 임산부도 자기결정권을 가진 시민이라는 것을 비로소 인정한 판결이라고 하겠다.

(2) 히잡의 강제적 탈착용

'히잡'은 이슬람 여성들이 쓰는 베일을 통칭하며, 아랍어로 '가리다' 또는 '격리하다'라는 뜻을 가진 말에서 파생된 단어이다. 말 그대로 히잡은 여성을 가리고 격리한다. 처음 베일을 쓰게 된 이유는 '구분하기 위해서'라고 한다. 상류층 여성인지, 한 남성에게 속한 여성인지를 표시하기 위해 베일을 썼다는 것이다. 하여 베일은 여성을 보호한다는 명분도 가진다. 그렇기에, 신분이나 결혼 여부에 따라 베일을 쓰지 못하는 여성들은 폭력과 차별에 노출되면서 베일 착용을 선망하게 되고 자발적 베일 착용을 수용했다고 한다. 이렇게 베일은 '존중과 보호를 받을 만한 여성'과 '그렇지 않은 여성'을 구분한다.

현재 이슬람교가 국교인 국가에서는 자국 여성들에게 히잡 착용을 의무화하고 있으며, 자국 여성이 아닌 외국인 여행자 여성에게도 히잡을 착용하도록 하는 나라가 있다. 필자는 이슬람교를 국교로 하는 이란을 여행한 적이 있었는데, 이란 입국 전부터 히잡을 쓰고 비자 신청용 사진을 찍었으며, 테헤란 공항으로 이란에 입국한 시점부터 다시 테헤란 공항에서 이란을 떠나 한국행 비행기를 타는 순간까지 호텔방에 있을 때를 제외하고 항상 히잡을 쓰고 있어야 했다. 이란 여행 기간 동안 만난 이란여성들은 국가가 법적으로 의무화하여 히잡을 착용했지만, 수용의 입장이 다양했다. 이란의 중심 도시인 테헤란과 이스파한에서 각각 만난 두 명의 20대 여성은 대학교육을 받고 있거나 받았으며, 종교적 성향이 그리 강하지 않은 집안에서 자란 것 같은데도, 히잡 착용을 국가적 강요가 아니라 자발적으로 수용하고 있다고 말했다. 그런가 하면 테헤란발 인천행 비행기 안에서 몇몇 이란여성들은 비행기 이륙과 동시에 히잡과 긴 옷을 훌훌 벗어던지고 긴 머리와 민소매와 반바지 차림으로 변신하여 주변 사람들을 놀라게 했는데, 그녀들에게 히잡 착용은 자국 내에서만 지키는 국가의 강제적 의무일 뿐이었던 것이다.

한편, 프랑스를 비롯한 유럽 일부 국가에서는 공공장소에서 여성들의 히잡 착용을 법으로 금지하고 있다. 여성이 히잡 착용의 주체임에도 불구하고, 여성 개인의 선택과 자기결정권에 의해서가 아니라 국가권력이 히잡의 탈착용을 강제함으로써, 국가권력에 의한 포함과 배제의 논리가 작동되고 있는 것이다.

3. 사회생태계 생명감수성 인큐베이팅을 위한 이론과 실천들

1) 인권감수성과 평화감수성

사회생태계 생명감수성은 인권감수성과 평화감수성으로 구체화될 수 있다. 인권감수성이란 첫째, 모든 인간은 차별 없는 인권을 가진다는 것을 인정하는 능력이다. 둘째, 인권의 의미를 명확히 알고 자신의 인권을 주장할 수 있는 능력이다. 셋째, 인권이 침해된 타인의 고통에 공감하고 타인의 인권을 주장할 수 있는 능력이다. 넷째, 인권이 침해된 상황과 인권 침해로 인해 발생되는 결과를 명확히 인식할 수 있는 능력이다. 다섯째, 인권 침해 사태의 발생과 그 해결 과정이 자신과도 깊은 관련이 있다는 책임을 인식하고 그것을 해결하기 위해 노력하는 능력이다. 인권감수성은 이처럼 인권에 대한 인지적, 정서적, 실천적 반응이다.[124]

평화감수성은 첫째, 반평화적 상황에서 오는 고통에 민감하게 반응하는 정서적 자각이다. 둘째, 평화와 反평화를 자신의 문제로 수용하여 자신과 타인의 삶 속에 평화 의지를 형성하는 것이다. 셋째, 평화를 구체적으로 실현할 조건을 찾는 과정이다.[125] 앞서 언급한 인권감수성과 마찬가지로, 평화감수성도 평화에 대한 인지적, 정서적, 실천적 과정이다. 여기서 평화는 단순히 직접적 폭력(전쟁, 신체폭력, 테러 등)이 없는 상태를 뜻하는 소극적 평화에 그치지 않는다. 권력과 재화의 불평등한 분배로 인한 구조적 폭력과 문화적 폭력이 극복되고, 갈등과 대결의 근원이 제거된 상태를 의미하는 적극적 평화까지 아우른다. 즉, 평화란 "모든 형태의 폭력이 사라진 상태에서, 삶의 다양한 관계를 맺고 있는 각 존재가 서로 존중하며 더불어 살아갈 수 있는 조건이 갖춰진 상태"를 가리킨다.[126]

2) 소셜픽션

'소셜픽션(social fiction)', 즉 사회적 상상이란 "사회에 대해 제약 조건 없이 상상하고 이상적인 미래를 그리는 기획방법이다." 소셜픽션은 사회문제에 대한 당장의 해법을 생각하는 대신, 최소 20년 또는 30년

후의 모습을 상상하여 일을 기획하는 역방향 기획을 가능케 한다. '각자도생'과 '당장의 해법'을 강요하는 현실적 제약 조건을 뛰어넘어, '여럿이 함께' 미래 사회에 대해 사회적 상상을 발휘하도록 격려하고, 그리고 그 상상이 상상에 그치는 것이 아니라 실현되도록 하는 것이 소셜픽션이다. 마치 과학기술이 사이언스 픽션(Science Fiction, 공상과학)을 따라간 것처럼 말이다.

이러한 소셜픽션의 구체적 사례로는 방글라데시의 〈그라민 은행〉, 제주의 자연과 문화와 역사가 깃들어 있는 〈제주 올레길〉, 사회 혁신가들의 모임인 〈스콜월드포럼〉, 혁신적 아이디어의 축제인 〈아스펜 아이디어 페스티벌〉, 착한 자본으로 하여금 사회적 투자를 하도록 매개하는 장터인 〈사회적 자본시장 컨퍼런스〉, 그리고 새로운 사회에 부합하는 권력구조와 국제협력체계의 중요성을 강조하는 〈세계청년리더포럼〉 등이 있다. 이러한 사례들은 "장기적 미래를 생각하는 이들이 꿈꾸는 미래 사회의 모습과 현재 진행 중인 가장 앞선 실험"에 해당된다.[127]

대구에서도 소셜픽션의 일환으로 소셜픽션 컨퍼런스가 2015년과 2016년에 개최되었다. 2015 대구 소셜픽션 컨퍼런스는 "시민의 상상이 대구의 미래다"라는 주제 아래, 살고 싶은 도시 대구를 만들기 위한 아이디어 페스티벌이었다. 2016년에는 "폭염과 공존하는 수만 가지 상상"을 통해 대프리카 대구에서 어떻게 하면 즐겁고 행복하게 살 수 있을까를 여럿이 함께 모색하였다.[128]

3) I'll ride with you 캠페인과 with you 운동

#I'll ride with you (제가 같이 타 드릴게요)

위 해시태그는 2014년 12월 호주 시드니에서 무슬림이 벌인 것으로 추정되는 인질사건 이후, 이슬람교 복장을 한 채 대중교통을 이용하는 것에 불안을 느끼는 무슬림들을 위해 비무슬림 호주인들이 전개한 캠페인에 사용된 것이다. 일명 I'll ride with you 캠페인은 비무슬림 호주인인 레이철 제이콥스가 페이스북에 올린 글에서 시작되었다. 제이콥스는 전철에서 자기 옆자리에 앉은 어떤 무슬림 여성이 히잡을 벗는 것을 보고 그 무슬림 여성을 따라가서 "히잡 다시 쓰세요. 제가 당신과 함께 걷겠습니다"라고 말했더니 그 무슬림 여성은 울면서 제이콥스를 포옹하고는 혼자 걸어갔다는 것이다. 그 글을 읽은 비무슬림 호주인인 테사 쿰이 자신의 트위터에 "쿠지에서 마틴플레이스로 가는 373번 버스를 타는 분 중에 종교적인 복장으로 혼자 버스에 타기 불안한 분이 있으시면 제가 같이 타 드릴게요. 버스 타는 시간을 알려주세요"라고 올렸다. 순식간에 '#제가 같이 타 드릴게요'가 퍼지면서 전개된 운동이 I'll ride with you 캠페인이다.[129]

I'll ride with you 캠페인은 '구조적 폭력'에 대항하여 부당하게 피해를 당할 가능성이 있는 예상피해자와 연대하고 그/그녀를 지지한 운동이라는 점에서 넓은 의미의 'with you 운동'이라고 평가된다. 구조적 폭력이란 단지 특정한 집단의 구성원이라는 이유만으로 그 구성원에게 가해지는 폭력을 가리키며, 이 폭력은 특정한 집단이 직접적인 희생자가 되는 것뿐만 아니라, 그 집단의 구성원이라는 이유만으로 폭력의 대상이 될 수 있다는 공유된 인식까지도 포함하는 개념이다.

with you 운동은 성폭력 피해사실을 고발하며 시작된 '미투(MeToo) 운동'에 대해 지지와 연대를 표명하는 운동이다. 넓은 의미의 with you 운동은 구조적 폭력이 존재하고 있다는 것을 인식하고 그 폭력이 부당하다는 것을 보여준다. with you 운동은 구조적 폭력을 내면화했던 방관자들이 자신들의 인식과 태도를 변화시켜 피해자들과 연대하고 지지했다는 데에 의미가 있다고 하겠다.

4) 대구 한일극장(현 CGV 대구한일) 앞 횡단보도 설치 : 장애인의 보행권 실현

[그림 8] CGV 대구한일 앞 횡단보도

CGV 대구한일 앞 횡단보도는 장애인단체의 요청에 따라 2008년 대구시 동성로 공공 디자인 개선사업의 일환으로 추진되어

2012년에 설치되었다. 설치계획 추진 초기에 상권 위축을 우려하는 지하상가 일부 상인들의 반대에 부딪혀 난항을 겪었다. 4년여를 끌어오던 횡단보도 설치 논쟁은 횡단보도 설치를 반대하던 지하상가 일부 상인들이 동성로 남과 북을 연결하는 에스컬레이터 운영을 전제로 횡단보도 설치를 수용함으로써 종결되었다. 마침내 2012년 횡단보도가 설치되어 장애인뿐만 아니라 비장애인들도 편리하게 이용할 수 있게 되었다.[130]

대구 한일극장(현 CGV 대구한일) 앞 횡단보도 설치를 둘러싼 논쟁은 얼핏 보기에 장애인과 지하상가 일부 상인들의 이해관계의 대립으로 인식되지만, 실은 장애인 인권의 가장 기본적인 보행권을 인정하지 않은 장애인 차별에 해당된다. 장애인 단체의 횡단보도 설치 요구는 특정이해집단의 이익요구가 아니라 시민으로서 누려야 할 당연한 권리를 요구한 것이다. 횡단보도 설치를 반대하는 지하상가 일부 상인들에게 대구시가 중재안을 제시하여 결국 횡단보도가 설치되었지만, 횡단보도 설치 논쟁은 대구시와 일부 상인들 그리고 무관심한 방관자 시민들의 인권감수성의 현주소가 어디인지를 보여 준다.

5) 네덜란드 베델교회의 마라톤 예배: 코즈모폴리턴 환대의 가능성

'반갑게 맞이하여 후하게 대접함'이라는 뜻을 가진 환대에는 '조건적 환대'와 '무조건적 환대'가 있다. 조건적 환대에서는 초대한 주인과 초대받은 손님의 자리가 고정되어 있으며 주인이 손님의 자격과 환대의 성격을 결정한다. 조건적 환대에서는 주인만이 주체가 되고 손님은 객체가 된다. 또한 때로는 손님은 주인의 명예와 돈벌이를 위한 수단이 된다. 이러한 조건적 환대는 타산적 이해관계를 탈피하고 편견을 내려놓는 존중의 원칙에 어긋난다는 점에서 존중으로 보기 어렵다. 반면에 무조건적 환대에는 어떠한 제한성도 없다. 무조건적 환대는 '초대함과 초대받음'의 구도를 넘어선다. 무조건적 환대는 '예상치 않은 방문과 예상치 않은 방문자에 대한 조건 없는 환대'이다. 코즈모폴리턴 환대(cosmopolitan hospitality)란 한 개인의 소속(국적이나 시민권 등)과 상관없이 개별적 존재로서의 개인의 존엄성에 기초한 환대이다. 이러한 환대는 무조건적이고 절대적인 환대이다.[131] 그런데 현실 국민국가에서 무조건적이고 절대적인 환대인 코즈모폴리턴 환대가 가능할까? 그 가능성을 네덜란드 헤이그 소재 베델교회의 '마라톤 예배'에서 발견할 수 있다.

베델교회의 마라톤 예배는 추방 위기에 처한 아르메니아 출신 난민인 '탐라지안(Tamrazyan) 가족'을 돕기 위해 2018년 10월 26일부터 96일 동안 지속되었다. 예배 중에는 경찰의 진입을 금지하는 네덜란드 법을 이용하여, 24시간 마라톤예배를 거행함으로써 경찰의 접근을 막은 것이다. 처음에는 교구 내 목사 몇 명으로 시작되었으나 네덜란드 전국의 개신교 목사뿐만 아니라 가톨릭 성직자와 유럽의 다른 나라에서 온 목회자 등 1,000여 명이 예배를 인도하였다. 이 예배 덕분에 25만 명이 추방 반대 서명을 했으며 이에 따라 네덜란드 정부는 추방대상 가족에 대한 추방 절차를 중단하고 재심사를 하기로 결정하였다고 한다. 베델교회의 이러한 행동은 최근 유럽에서 고조되고 있는 반(反)난민 정서 가운데서 나온 것이라 더 의미 있는 것으로 평가된다.[132]

베델교회의 마라톤 예배에 참여한 성직자들과 지지자들은 탐라지안 가족의 국적, 신분, 계층, 종교, 성별, 정치적 입장 등을 중요하게 생각하지 않았다. 탐라지안 가족의 고통과 아픔이 그 무엇보다도 우선이었다. 탐라지안 가족의 아픔과 고통을 함께 아파하고, 아무런 조건 없이 환영하며 맞이하고 돌보았다. 이처럼 무조건적인 환대는 연민에 기초한다. 연민(compassion)이란 '함께 아파함(suffer with)'을 의미한다. 함께 아파할 때 무조건적인 환대, 코즈모폴리턴 환대가 가능하다. 코즈모폴리턴 환대는, 모든 인간이 차별 없는 인권을 가지며, 인권이 침해된 타인의 고통에 공감하고 타인의 인권을 주장할 수 있으며, 인권 침해 사태의 발생과 그 해결 과정이 자신과도 깊은 관련이 있다는 책임을 인식하고 그것을 해결하기 위해 노력하는 인권감수성의 실천적인 표현이다.

incubating life sensibility

4

Chapter

문화생태계 생명감수성 인큐베이팅

4장

문화생태계 생명감수성 인큐베이팅

매월 마지막 수요일은 '문화가 있는 날'이다.[133] 우리나라 국민 중 이 날을 알고 있는 사람은 그리 많지 않을 것이다. 문화가 있는 날에는 영화 관람, 공연 관람, 스포츠 관람, 문화재 관람, 전시 관람, 프리마켓, 재능기부 등의 각종 행사가 진행된다. 이처럼 문화는 일상에서도 여러 가지 의미로 사용하고 있다. 전통적인 것, 새로운 것 아니면 특이한 것 등. 문화는 이런 것들을 포괄한 우리 삶 자체다. 우리의 삶을 포괄하고 있는 문화, 같은 시대를 살아가지만 우리의 삶이 다 다르듯 문화 역시 다양한 형태를 지니고 있다. 그래서 영국의 문화 연구자인 레이몬드 윌리엄즈(R. Williams)는 문화를 "영어 단어 중에 가장 난해한 몇 개 단어 중 하나"라고 한바 있다.[134] 이처럼 문화를 단순한 명제로 개념화하는 것은 쉽지가 않다. 왜냐하면 문화는 어떠한 관념이라기보다는 여러 관심사가 수렴되는 장이기 때문이다.

1. 문화생태계와 생명

1) 문화와 생명

문화에 대한 정의는 시대와 학자들의 관점에 따라 계속 변화하고 있다. 문화는 불변의 진리나 수학공식과 같이 명확하게 정의되는 것이 아니라 보는 시각에 따라 의미가 달라질 수 있어 어떤 관점에서 문화를 바라볼지 정리할 필요성이 있다. 따라서 본 장에서는 문화의 일반적 의미와 시대와 학자별 정의가 어떻게 변화되었는지 살펴보고자 한다.

먼저 문화의 일반적 의미를 살펴보면 다음과 같이 다섯 가지로 구분할 수 있다.

첫째, 역사문화이다. 이는 문화는 '유물 또는 유적의 의미를 담고 있는 것'으로 이집트, 고구려, 백제 등의 고대국가의 문화와 같이 과거에 존재했으나 현대에는 유물이나 유적으로 남아있는 것을 의미한다.

둘째, 예술문화이다. '세련됨 또는 우아함'을 나타내는 것으로 미술관에 가거나 공연을 관람한다든지 등의 문화생활, 예술전공자 또는 문화매개인력이 일반인들을 대상으로 교육하는 문화교실과 같은 예술적 소양과 연관된 것을 의미한다.

셋째, 지역문화이다. '지역 또는 집단을 대표하는 물품'으로 집단문화를 상징하는 것이나 문화상품과 같은 물질을 의미한다.

넷째, 생활문화이다. 문화는 '생활습관과 생활양식'으로 규범이나 예절, 규칙 등을 의미한다.

다섯째, 가치문화이다. 문화는 철학 · 예술 · 과학 등의 분야에서 '인류의 가치적 소산'을 의미한다.[135]

이처럼 문화는 과거와 현재, 국가, 지역, 집단, 학문 등을 구분하는 동시에 이어져있는 유기체적 특성을 가지고 있다. 문화의 일반적 의미를 '역사문화, 예술문화, 지역문화, 생활문화, 가치문화'로 분류하는 것은 문화정책에서 다루고 있는 문화와 유사하다.

(1) 시대적 분류 및 문화의 정의

문화(Culture)의 어원은 라틴어 'cultura'로 '돌보다, 가꾸다, 개작하다, 경작하다, 재배하다'의 뜻을 가진 농업용어로 사용되었다.[136] 중세에 들어오면서 기독교적 가치관을 표현하는 말로 바뀌면서 동식물이 아닌 인간의 성장에 관계되는 것으로 '수양, 훈련'이라는 복합적 의미를 갖게 되었다. 근대에 들어와서는 '교양, 세련'을 나타내고, 독일어권에서는 '정신활동 또는 그에서 비롯되어 나온 활동'(예술과 과학, 종교 등)으로 뜻이 바뀌어 오늘날과 비슷하게 사용되기 시작했다. 20세기 중반에는 문화인류학적 용어로 점차 사용되어 '특정 인간집단에서 공통으로 나타나는 행동양식 또는 생활양식'으로 그 뜻이 확대되었다.[137] 현재는 문화를 일반생활영역 속에 포함시킴으로써 '일상생활 속의 문화'라는 개념을 새롭게 제시하고 있다. 이 개념에 의하면 문화라는 개념이 기존의 삶과 분리된 특정 영역으로서 '교양'이나 '오락'으로 상징화되던 것에서 하루하루의 생활 속에 스며들어 있는 영역으로 인식하고 있다.[138] 이와 같이 문화는 농업용어에서부터 생활문화까지 그 개념이 변화해왔다. 하지만 '인간이 주체로 하는 행위 또는 정신적인 활동'이라는 유사성을 띄고 있다.

(2) 학문적 분류 및 문화의 정의

학자들 마다 문화에 대한 정의를 다양하게 내리고 있지만 가장 많이 인용되는 학자는 19세기 인류학자 타일러(E. B. Tylor)이다.[139] 19세기 인류학자인 타일러는 문화를 "지식, 믿음, 예술, 도덕, 법, 관습 그리고 사회구성원으로서 인간이 획득한 모든 능력과 습관들을 포함한 복합적 총체"라고 정의했다. 이런 정의에서는 사회생활 곳곳에 퍼져 있는 문화가 함께 살아가는 사람들의 산물인 동시에 학습된다는 점을 강조한다.[140] 타일러 다음으로 가장 많이 인용되는 학자는 위에서 언급한 레이몬드 윌리엄즈(R. Williams)이다. 그는 문화의 개념을 다음과 같이 정의한다. 첫째, 문화는 일정한 범위의 지적이고 예술적인 활동들과 그것들의 산물들을 포괄한다. 둘째, 한 개인이나 집단 혹은 사회의 지적, 정신적 그리고 미학적 발전을 가리킨다. 셋째, 한 민족 혹은 집단, 사회의 활동, 신앙, 관습 등 전체적인 삶의 양식을 나타낸다. 이외에도 로저 키싱(R. M. Keesing)과 팰리스 키싱(F. M. Keesing)에 의하면, "문화는 인간이 배우는 것을 의미하는 것이지, 인간이 하는 것이나 만드는 것을 말하는 것은 아니다"라고 한다.[141] 또한 영국의 시인이자 비평가인 매슈 아널드(M. Arnold)는 사고양식과 행동양식의 결합으로 문화를 정의하였다. 아널드의 문화에 대한 정의는 '문화를 생활양식의 총체'라고 정의하는 타일러의 견해를 수용하였지만, 인간의 위대한 정신의 완성이라는 측면에서 접근했다는 점에서 타일러와 구분된다. 즉 아널드는 위대한 사상, 문학, 미술, 음악 등에 대한 지식과 표현을 위한 실천으로서 인간정신의 완성을 추구하는 것이 문화라고 하였던 것이다. 아널드에 의하면 세계는 문화적 소수와 비문화적 다수로 구성되어 있고, 문화적 소수는 인간정신의 최고경지를 표현한 걸작을 판별하고 감상할 수 있는 능력을 가진 사람들이며, 이들이 문화적 리더로서 문화를 발전시킨다는 것이다. 그러므로 문화란 인간정신의 완성을 위한 '최상의 작품'을 찾을 수 있는 능력을 키우는 것으로 이해된다.[142]

(3) 문화를 대하는 태도

문화를 바라보는 태도는 크게 자문화중심주의 문화사대주의, 문화상대주의, 문화제국주의 등 4가지가 있다.

① **자문화중심주의(自文化中心主義)** : 철저히 자문화의 가치와 습관(오래된 전통 또는 관점)에 기준하여 다른 문화를 바라보고 평가하는 태도나 그러한 주의를 말한다. 자문화를 우월하게 생각하며, 타문화를 자문화를 중심으로 바라보며 좋지 않거나, 무시하는 편견과 오해를 불러일으킨다. 이는 타문화에 대한 편견과 오해, 그리고 차별과 무시를 통한 민족적, 국가적인 갈등을 낳을 수 있다.

② **문화사대주의(文化事大主義)** : 자율적이지 못하고 자국보다 강한 국가, 세력에 복종하거나 맹목적으로 받아들이려는 주의를 말한다. 사대주의는 20세기 초반에 국수주의자들이 크고 강한 국가에게만 지나친 관심을 보이는 당시의 지배층들을 비판하기 위해 만든 말이다.

③ **문화상대주의(文化相對主義)** : 절대적인 진리는 있을 수 없으며 어떤 입장도 그 나름대로 옳다고 주장하는 입장이고

각 집단의 문화의 형성과 생성 배경을 상대적으로 바라보는 태도이다. 서로 다른 자연환경과 사회적 환경 속에서 문화 형성은 서로 다르게 나타날 수 있으며, 이는 문화 간에는 우열이 없다는 인식으로 나아가게 된다.

④ **문화제국주의(文化帝國主義)** : 자문화중심주의의 발전 단계로서, 단순히 자문화를 우월하게만 보는 것을 넘어서 다른 나라에까지 적용시키는 것을 말한다. 과거에는 경제적으로 우위에 있는 선진국의 문화가 후진국의 문화에 지배적인 영향을 미쳐 문화 식민지를 확대하는 것을 의미했다.

그렇다면 우리는 어떠한 태도로 문화를 이해해야 하는 것인가. 문화를 이해하는 관점은 크게 3가지로 볼 수 있다.

첫째, 문화를 총체론적 관점에서 바라봐야 한다. 인간의 생활양식인 문화는 정치, 경제, 법률, 가족 등 다양한 영역이 연결되어 있기 때문에 문화 현상을 이해할 때 그 사회의 전체적인 맥락 속에서 다른 문화 요소들과의 상호 연관성을 파악하면서 폭넓게 이해해야 한다.

둘째, 문화를 상대론적 관점에서 바라봐야 한다. 이는 한 사회의 문화를 그 사회의 특수한 환경과 상황 및 역사적 맥락을 고려하여 이해하는 관점을 말한다. 즉 문화를 향유하는 그 사회 구성원들의 입장에서 문화를 바라봐야 하며 어떤 절대적인 기준에 의해 평가를 해서는 안 된다. 이와 같은 관점은 다른 문화에 대한 편견과 선입관을 없애고 올바로 문화를 이해할 수 있기 때문에 새로운 문화를 창조하며 발전할 수 있는 가능성이 있다.

셋째, 문화를 비교론적 관점에서 바라봐야 한다. 한 사회의 문화가 지닌 보편성과 특수성을 다른 문화와 비교하여 파악하려는 태도이다. 이것은 각 사회의 문화가 보편성과 특수성을 동시에 지니고 있다는 것을 전제로 하며 이를 통해 자기 문화의 특징을 더 잘 이해할 수 있고 자기 문화에 대한 객관적인 이해를 가능하게 한다.

2) 문화 생태계

모든 유기체는 서식지라는 특수한 조건에서만 생존하며 이러한 생존의 현장을 생태환경 또는 생태계라고 한다. 문화에도 생물과 같은 생태의 현상이 있다고 보는 것이 문화 생태론이며, 그 구체적인 공간과 조건을 문화생태계, 사회 환경과 인간생존을 문화적 측면에서 연구하는 것을 문화생태학(Cultural Ecology)이라 한다. 문화생태계는 문화가 생산되어 소비되는 순환의 형태를 알아볼 수 있는 체계로써 생태계를 구성하는 각 요소들 간의 관계 설정을 명확히 하고 관계간의 안정성과 효율성, 지속성을 도모할 수 있는 뒷받침이 되어야 한다.

인간은 생명체들 가운데서도 가장 고등한 위치에서 생명을 누리고 인간 생명은 물질과 구분되는 동물이면서도 다른 동물들과는 달리 인지적 능력과 문화적 능력을 보유하고 있다. 인간은 감각하고 운동하는 생물로만 존재하는 것이 아니라 사고와 판단과 행동을 통해 문화라는 체계를 형성하고 그것에 자기를 순응시켜 가는 삶을 갖고 있다. 이러한 문화의 영역은 인간이란 생명체만이 고유하게 갖고 있는 것으로서 이에 관련한 인간 생명을 논하는 것은 필요한 일이다.

그러나 현대 문화는 위기에 빠져있다. 생명이 죽어가고 삶이 부서지고 있다. 인간을 인간답게 하지 못하고 생명을 살리는 길에 대해서도 무지하다. 이러한 현대 문화의 위기에 대한 자각에서 생명을 살리고 존중하는 문화를 만들어 가려는 노력은 구체화 됐다. 따라서 우리가 생명의 위기를 다루면서 문화 생태계를 거론하는 까닭은 생명이란 문화적 토대를 떠나서는 올바르게 자리할 수 없기 때문이다. 즉 생명에 대한 이해와 생명을 존중하려는 문화적 토대 마련, 인간의 생명과 삶이 올바르게 이뤄질 수 있는 삶의 터전 위에서야 생명은 올바르게 존재할 수 있는 것이다.

2. 문화생태계의 생명위기 현실

1) 사이버 문화와 생명위기

오늘날 우리의 과학기술은 첨단적으로 발전하고 있다. 그 가운데서 우리가 처해 있는 문화도 혁명적으로 변하고 있는데 그 중 하나가 컴퓨터가 가져온 정보통신의 혁명이다. 과학기술은 전자 그물망을 통하여 하나의 새로운 현실을 출현시켰다. 그것이 바로 가상현실이요 이 가상현실에서 일어나는 문화가 바로 사이버 문화(cyber culture)이다.

(1) 사이버 문화의 정의

사이버 문화는 사이버(Cyber)와 문화(culture)의 합성어이다. 테크놀로지의 발전으로 사이버스페이스에서의 인간 행위, 즉 사이버 문화(cyber culture)는 이제 보편적인 현상으로 받아들여지고 있다. 일반적으로 사이버 문화는 앞서 언급한 새로운 테크놀로지에 의해 가능해진 사이버스페이스에서 이루어지는 문화적 과정과 그 산물 또는 그러한 문화에 대한 이야기, 즉 담론(discourse)이라고 정의될 수 있다.[143] 그러나 많은 사람들에 의해서 사이버 문화라는 용어가 사용되고 있음에도 불구하고 이 용어의 개념은 여전히 모호하다. 사이버스페이스의 문화를 지칭하는 말로, 지시하는 대상은 다소 상이하기는 하지만 주로 인터넷 문화, 테크노 문화, 하이테크 문화, 포스트휴먼 문화 등이 사용되고 있는데, 이러한 용어의 혼란이 바로 사이버 문화의 다양성을 보여 주는 것이기도 하다. 그리고 문화라는 말 자체가 갖고 있는 일반성이 그대로 전이되어 그 모호성을 더하게 된 것으로 보인다.

(2) 사이버 문화의 특징

사이버 문화가 갖는 특징에는 자유성, 익명성, 정보의 공유성과 개방성, 평등성, 시간과 공간의 초월성이 있다.

① 자유성

사이버 문화가 갖는 가장 큰 특징은 자유성이다. 현실의 공간에서도 사람들이 비교적 자유롭게 자신의 생각이나 행동을 표현한다고는 하지만 어느 정도 다른 사람과의 조화를 의식하면서 자신의 행동에 제한을 두게 된다. 이에 비하면 사이버 공간에서는 이러한 행동의 제한을 받지 않고 있으며 개인의 행동을 제한하는 단서들도 비교적 없는 편이다.

사이버 공간의 자유는 상상의 자유, 이동의 자유, 변신의 자유 그리고 교류의 자유 등으로 표현되어진다. 즉 표현의 무한한 변화와 자유이다.

② 익명성

사이버 공간이 갖는 자유에 큰 힘을 실어주는 것은 바로 익명성이다. 나를 밝히지 않고 내가 가진 생각을 자유롭게 표현할 수 있는 곳이 바로 사이버 공간이다. 그곳은 현실 세계의 '나'를 감추고 있기 때문에 그로 인하여 사회적 규범, 도덕적 양심, 다른 사람의 시선 등을 고려하지 않고 순수하게 자신의 생각만을 표현하고 그대로 행동할 수 있다. 따라서 익명성은 사이버 공간 속에 '자유'라는 큰 힘의 기본 바탕이라고 할 수 있다.

③ 정보의 공유성과 개방성

사이버 공간을 통해서 접할 수 있는 정보는 연령수준이나 지위나 자격에 제한 없이 모든 수신자들이 접속할 수 있기 때문에 무한한 개방성을 지니고 있다. 이와 같은 정보의 개방성 때문에 사이버 공간에서의 정보 교환은 정보의 질적, 양적인 측면에서 많은 사람들에게 유익한 의사소통의 광장을 제공해 주기고 하고, 유용한 정보를 획득하거나 창출할 수 있는 기회와 능력을 신장시켜 준다. 그러나 한편으로는 정보의 선별능력이 없는 미성년자들이나 특정의 정보에 호기심이 많은 청소년들에게 유해한 정보, 즉 외설이나 음란물과 같은 정보를 빠르게 확산시켜 주게 된다는 염려도 있다.

④ 시간과 공간의 초월성

사이버 공간의 의사소통은 현실 공간에서의 의사소통과는 달리 사이버 공간에서 정보를 보내고 받게 되므로 참여자들은 시간과 장소에 제약을 받지 않고 언제든지 정보를 보내고 받을 수 있다. 사이버 공간에서는 참여자들의 공간적 거리가 문제되지 않기 때문에 지구 반대편에 살고 있는 사람들과의 의사소통이 이웃 사람과의 의사소통과 다를 것이 없다.

(3) 사이버 문화와 생명 위기

사이버 공간에서 전개되는 사이버 문화가 지니는 긍정적인 측면도 없지 않겠지만 그 단점도 적지 아니할 것이다. 특히 사이버 문화의 생명 위기 현상은 사이버 공간에서 벌어지지만 그 부작용은 사이버 공간을 벗어나 현실세계에까지 미친다는 점에서 심각한 사회문제를 야기하고 있다.

① 사이버 범죄

사이버 범죄(cyber crime)는 사이버공간에서 발생하는 범죄를 총칭하는 용어이다. 다시 말해 사이버 범죄란 무수히 많은 인터넷 사이트들과 그것들을 서로 연계시키는 컴퓨터 통신망(인터넷)을 범행의 수단, 표적 또는 무대로 삼는 범법사례를 총칭하는 개념이라 할 수 있다. 사이버 범죄는 컴퓨터나 인터넷이 범죄의 목적이 되거나 도구로 사용되어 감행되기도 하고, 이와 관련되어 부수적으로 발생하는 법익침해행위일 수도 있다.

컴퓨터나 인터넷이 범죄의 목적으로 사용된 경우로는 고의적인 시스템 파괴행위, 디지털 재산의 절도, 시스템으로부터 정보를 유출하기 위한 위협과 강요행위, 그리고 정치적인 목적을 위한 테러활동 등을 그 예로 들 수 있다. 컴퓨터나 인터넷이 범죄의 도구로 사용되는 또 다른 경우로는 타인의 은행 계좌 잔고를 자신의 계좌로 이동시키는 횡령행위, 인터넷상에 어린이 포르노그래피를 유포하는 행위, 통화위조, 스캐너와 그래픽 프로그램을 이용한 공용서류의 위조 등이 대표적인 예라 할 수 있다. 또한 컴퓨터나 인터넷과 관련되어 부수적으로 발생하는 법익침해행위로 컴퓨터나 인터넷을 마약거래와 그 수익금을 돈세탁행위로 활용하는 것을 들 수 있다. 이 밖에도 인터넷상에서 범할 수 있는 사기, 스토킹, 도박, 명예훼손행위도 사이버 범죄의 개념에 포괄시킬 수 있다. 요컨대 사이버 범죄라는 용어는 학교폭력, 가정폭력, 지하철범죄, 노상강도처럼 범죄가 저질러지는 장소를 특별히 부각시킬 목적으로 만들어진 용어라 할 수 있다.

사이버 범죄는 컴퓨터와 정보통신기술의 결합으로 조성된 사이버공간의 고유한 성격으로 인해 다음과 같은 특징을 나타내고 있다.

첫째, 범행의 주체를 밝히기가 사실상 곤란한 경우가 많다. 이는 사용자 아이디와 패스워드만 가지면 어떠한 범행도 가능하고, 실명사용을 강제할 방법도 존재하지 않기 때문이다.

둘째, 한 사람 혹은 극소수 인원의 간단한 조작이나 속임수에 의해 엄청난 피해가 유발될 수 있다. 컴퓨터기술과 정보통신기술의 급격한 발달에 따라 모든 전산망이 온라인으로 연결되어 있어, 전문해커들의 공격에 쉽게 노출되어 있기 때문이다.

셋째, 범행현장이 별도로 존재하지 않는다. 금융기관의 전산망에 침입해 다른 사람의 예금을 지정된 가명계좌로 이체하고 사라지는 경우 등이 대표적인 예이다.

넷째, 범행의 흔적을 확인할 수 없는 경우가 많다. 전자 자료로 저장된 컴퓨터자료를 복사 또는 변조하거나 전부 또는 일부를 없애버려도 아무런 흔적이나 표시가 남지 않기 때문이다.

[그림 9] 인간의 익명성에 의한 사이버 범죄

다섯째, 범행증거의 확보가 어렵다. 익명성, ID도용, 범행 장소의 불특정성, 범행흔적의 불가시성, 국제공조의 미흡 등은 모두 범행증거 확보와 범행사실의 입증을 어렵게 만드는 요인들이다.

여섯째, 법체계의 미비, 모니터링 능력, 사생활침해, 상제처분 등 현실세계에서 보다 많은 수사 장애물이 존재한다.

일곱째, 사후적으로 범죄혐의를 입증하기가 어렵다. 컴퓨터는 단시간에 방대한 양의 자료를 처리하는 특성이 있어, 사후적으로 자료를 조작할 수 있기 때문이다.

마지막으로 범행수법의 대담성이나 전문성에서 비롯되는 취약점이 많다. 첨단기술이나 비밀정보가 저장된 디스켓을 통째로 복사하여 유출하거나 도청하는 경우 탐지가 어렵고, 사후적 입증도 매우 어렵기 때문이다.

② 사이버불링

사이버불링(Cyber Bulling)이란 사이버 공간에서의 괴롭힘으로 이메일 등 사이버상에서 한 사람을 계속해서 따돌리거나 괴롭히는 행위 혹은 현상을 말한다. 사이버불링은 2000년 미국 햄프셔대학교의 아동범죄예방센터에서 처음으로 사용되었다[144].

사이버불링은 학자들마다 다양한 유형과 정의를 내리며 서로 다른 기준을 가지고 있다. 윌러드(N. Willard)는 '플레밍, 사이버 괴롭힘, 명예훼손, 사칭하기, 아웃팅, 배척과 소외시키기, 사이버 스토킹' 등 7가지 유형으로 사이버불링의 유형을 제시하였다.[145]

첫째, 플레밍(flaming)이란 화를 나게 하거나, 상스럽고 무례한 메시지를 이메일이나 문자메시지로 보내거나 온라인 그룹에 보냄으로써 서로 싸우는 것이다.

둘째, 사이버 괴롭힘(cyber harassment)이란 반복적으로 누군가에게 비열하고 불쾌하고 모욕적인 메시지를 문자메시지나 이메일의 형태로 지속적으로 보내는 것이다.

셋째, 명예훼손(denigration)이란 다른 사람의 명예를 실추시키는 사진이나 글과 같이 사실이 아니거나 잔인한 내용의 가십거리나 소문을 온라인 게시판에 게시하거나, 전자메일을 이용해 퍼뜨리는 것을 의미한다.

넷째, 사칭하기(impersonation)란 자신이 아닌 특정인인 것처럼 행세하며 그 사람의 교우관계나 평판에 피해를 주고, 위험하게 만들거나 곤란하게 하기 위해 게시물을 등록하거나 송신하는 것을 말한다.

다섯째, 아웃팅(outing)이란 의도적인 목적을 가지고 공유하기를 원치 않는 창피하거나 예민한 사적 정보를 폭로 하는 것을 말하며, 일반적으로 자신의 뜻과 상관없이 다른 사람으로 인해 동성애자임이 드러나는 것을 뜻한다.

여섯째, 배척과 소외(ostracism and exclusion)시키기란 온라인 그룹에서 누군가를 고의적으로 배제시키는 것을 말한다.

일곱째, 사이버 스토킹(cyber stalking)이란 인터넷 대화방, 게시판이나 이메일과 같은 정보통신망을 통해 협박 및 욕설의 내용을 담고 있는 메일을 지속적으로 보내거나 상대편이 원치 않는 접속을 지속적으로 시도하는 것을 말한다[146].

최근 국내에서 한국정보화진흥원[147]은 아래의 표와 같이 사이버불링의 유형을 12가지로 분류한 바가 있다. 즉, 사이버불링은 상대방에 대한 비방에서부터 아이디 도용 행위, 사이버 성폭력, 사이버 배제에 이르기까지 매우 광범위한 영역을 포함하고 있다.

〈표 6〉 사이버불링의 유형

	유형	정의
1	사이버 스토킹 (Cyber Stalking)	특정인이 싫다고 했음에도 인터넷이나 스마트폰을 통해 계속적으로 말, 글 사진, 그림 등을 보내 공포심과 불안감을 유발하는 행위
2	사이버 비방 (Cyber Slander)	인터넷이나 스마트폰을 통해 특정인에게 욕설, 비속어, 모욕적인 메시지 등을 전달하는 행위
3	이미지 불링 (Image Bullying)	특정인을 비난하거나 모욕하기 위해 타인에게 알려지기를 원치 않는 사진이나 동영상을 유포하는 행위
4	아이디 도용 (ID Theft)	특정인의 아이디를 이용하여 사이버상에서 마치 그 사람인 것처럼 행동하는 행위
5	사이버 갈취 (Cyber Extortion)	인터넷이나 스마트폰을 이용해 특정인에게 돈이나 사이버머니, 캐릭터 등을 요구하거나 데이터 소액결제 등의 비용을 부담하게 하는 행위
6	사이버 성폭력 (Sexting)	특정인에게 성적인 메시지를 보내거나 성적인 모욕 등을 하는 행위
7	사이버 감옥 (Cyber Jail)	인터넷 대화방이나 스마트폰 카톡 등에서 특정인을 퇴장하지 못하게 막고 비방 또는 욕설하는 행위
8	사이버 배제 (Cyber Exclusion	사이버상에서 특정인을 친구목록에서 제외하거나 친구신청 거부 또는 배제 하는 행위

9	플레밍 (Flaming)	특정인을 자극하여 일부러 논쟁 또는 분란을 일으켜 특정인이 문제 있음을 드러나도록 하는 의도적 행위
10	사이버명령 (Cyber-order)	인터넷이나 스마트폰을 이용해 특정인에게 원치 않는 행동을 강요하거나 심부름 시키는 행위
11	안티 카페 (Anti-cafe)	특정인을 비방, 욕설, 따돌림 등을 위해 사이버상에 사이트나 게시판 등을 만들어 운영하는 행위
12	사이버 왕따 놀이 (Cyberbullying Play)	사이버상에 특정 그룹에 소속된 사람들끼리 번갈아가면서 소속된 사람을 일방적으로 욕설, 비방, 모욕하는 행위

2) 대중문화와 생명 위기

대중문화를 대중사회에서 형성된 하나의 가치체계라고 할 때 대중문화 속에서 인식되고 지향되는 인간생명은 어떤 것인가에 대해 살펴보는 것은 놓쳐서는 안 될 과제이다. 현대사회의 급격한 경제성장과 물질적 풍요의 이면에는 어두운 그늘이 드리워져 있다. 가정폭력, 학교폭력, 성폭력, 자살 등 생명 경시풍조. 그리고 각종 폭력과 자살을 자극적인 소재로 활용하는 일부 대중문화의 무분별한 모방은 무엇보다 다음 세대인 아동·청소년의 인격을 황폐화할 수 있다는 점에서 심각한 사회문제라 할 수 있다.

(1) 대중문화의 정의

대중문화는 대중매체에 의해 상품으로 대량 생산, 재생산되어 대중에 의해 소비되는 문화이다. 대중문화를 의미하는 영어 표현으로는 'mass culture'와 'popular culture'가 있다. 'mass culture'는 대중사회에서 대중매체에 의해 대량 생산된 문화란 의미를 지닌다. 여기서 대중(mass)이란 말에는 주체적이지 못하고 고립 분산되어 있으며 비합리적인 집단이라는 의미가 내포되어 있다. 'popular culture'는 '다수의 사람들이 향유하는 문화'라는 의미를 지니고 있다. 'mass culture'가 주로 문화의 생산 과정에 초점을 맞춘 개념이라면, 'popular culture'는 문화의 수용과 소비라는 측면에 초점을 맞춘 개념이다. 'mass culture'는 대량 복제 미디어가 등장한 근대 이후의 문화 산물을 지칭하는 것으로 한정되지만, 'popular culture'는 근대 이전 평민들의 문화까지도 포괄하는 개념이며 현대의 'popular culture'는 주로 미디어에 의해 생산 유통되는 문화로 구성된다. 따라서 현대사회에서 'popular culture'와 'mass culture'는 동일한 대상을 각기 다른 시각에서 지칭하는 개념이다.

한국의 문화 담론에서 대중문화는 고급문화, 민중문화, 민족문화, 민속문화 등과 대립되는 개념으로 정의하였다. 고급문화에 대립될 때 대중문화는 '대량 생산된 질 낮은 문화'라는 의미를 지니며, 민중문화라는 개념과 결부되면 '대중의 의식을 마취시켜 기존 체제의 재생산에 기여하는 도구적 성격의 문화'라는 의미를 함축하고, 민족문화와 대비될 때는 '서구 문화제국주의의 산물'이라는 의미를 지니며, 민속문화와 대비될 때는 '현대적인 매스미디어에 의해 상품화되어 소비되는 문화'라는 함의를 갖게 된다. 이처럼 대중문화는 주로 부정적인 시각으로 규정되어 왔다.

(2) 대중문화의 특성

맹용길 교수는 대중문화의 개념과 특성에 있어서 독특한 관점을 제시하였다. 그는 먼저 대중문화를 대중사회의 삶의 양식으로 보았으며, 대중이 주도하는 문화로 대중의, 대중에 의한, 대중을 위한 문화를 규정한다.[148] 대중문화에 대한 이런 개념을 토대로 그가 기술한 대중문화의 특성 중 3가지만 살펴보고자 한다.[149]

첫째, 대중문화는 세계화 되어가고 있다. 최근 그룹 방탄소년단(BTS)이 한국 가수 최초로 1985년 7월13일 영화 〈보헤미안 랩소디〉에 등장한 퀸의 전설적인 무대가 펼쳐진 '라이브 에이드 콘서트'가 열렸던 영국 웸블리 스타디움 공연을 성황리에 마쳤다. 한국의 봉준호 감독의 영화 〈기생충〉은 제72회 칸국제영화제 황금종려상을 수상함으로 인해 감독 개인의 명예뿐만 아니라 한국 영화 100주년이 되는 해에 그 위상을 높였다는 평가를 받는다. 이처럼 오늘날의 대중문화는 인종, 종교, 국경을 넘어 자유로이 넘나든다. 대중문화의 교류는 자국뿐만 아니라 다른 나라에 대한 관심과 동경을 갖게 하고 더 나아가서 대중문화를 통해 세계를 배우고, 더불어 세계에 자국을 알리는 외교적 교두보 역할을 하고 있다.

둘째, 대중문화는 통합되어 가고 있다. 이것은 대중의 삶이 통합되어 가고 있는 것을 의미한다. 방송과 통신이 통합되어 가기 때문에 그것을 굳이 구별하려고도 하지 않고 그것을 구별하기도 어렵게 되어 있다. 보는 라디오와 시청하는 텔레비전이 어떻게 다르며, 컴퓨터와 텔레비전, 컴퓨터와 전화, 컴퓨터와 팩스, 휴대폰과 텔레비전 등을 어떻게 구별할 것인지 분간이 잘 가지 않는다. 대중의 삶의 양식이 통합되어 간다는 것은 간편해지는 것인가, 아니면 복잡해지는 것인가에 대해서는 판단을 내리기가 어렵다. 그러나 모든 것이 통합되어 갈 수밖에 없는 상황에 있는 것은 확실하며, 대중문화도 같은 상황에 있음이 분명하게 나타나고 있다.

셋째, 대중문화는 새로운 것을 요구하고 있다. 이것은 대중문화의 양식이 급속도로 변화하고 있기 때문이다. 변화하는 것은 항상 새것을 요구하고 있고 새것을 향해 나아가고 있으며 더 나아가 새것을 창출하기를 기대한다. 그렇지 않으면 거기에서는 충돌이 일어나거나 진부하다는 느낌을 갖게 한다. 대중은 여기에 대해 불만족스럽기 때문에 새것을 찾아 헤매게 되고 이상하게 느껴지는 것까지라도 만들거나 그러한 것을 보면 수용하게 되고 처음에는 거부감을 느껴도 곧 거기에 적응하거나 그것을 수용하게 된다.

(3) 대중문화와 생명 위기

영화, 인터넷, 방송에 걸친 다양한 대중문화에서 폭력은 오랫동안 주요한 소재로 등장하였다. 특히 2000년에 들어 조폭을 소재로 한 국내 영화의 확산, 폭력적인 인터넷 게임, 공중파 방송의 쇼·오락 프로그램 속에서의 폭력 등 다양한 매체 속에 자리 잡은 폭력성의 문제는 모방범죄, 폭력적인 것의 영웅화 등의 심각한 문제를 낳고 있다. 대중문화의 많은 현상 중 폭력성에 대해 다루는 것은 생명과 밀접하게 연관되어 있기 때문이다.

폭력은 예술, 철학, 문학 그리고 대중문화에서 중요한 주제가 되어왔지만, 미디어에서 폭력에 대한 정의를 명확하게 규정한다는 것은 결코 쉽지 않은 일이다. 왜냐하면 본격적으로 텔레비전과 관련지어 폭력에 대한 연구가 이루어진 것은 최근 일이고, 학자들마다 폭력에 대한 개념과 정의는 조금씩 차이를 보이고 있기 때문이다.

사회학자들은 폭력을 물리적 측면과 정신적 가해행동까지 넓은 의미로 해석하는 것이 일반적이다. 즉 폭력을 재산의 파괴나 손실 혹은 인간의 생명과 신체를 손상시키는 결과를 초래하는 모든 행동으로서, 협박으로 그친 행위나 실제적으로 폭력 행사의 결과가 나타난 모든 행위라고 정의하고 있다.[150] 한편, 심리학에서 폭력은 생명체를 대상으로 물리적으로 해를 끼칠 의도로 물리적인 힘의 사용을 가시적으로 표현하는 것으로 정의 내릴 수 있으며, 보이지 않는 폭력, 정신적 심리적인 결과도 폭력의 범주에 포함될 수 있다. 일반적으로 폭력의 개념은 사람이나 재산에 피해를 주는 인간의 공격적 행위의 한 형태로 정의되지만, 이런 폭력의 행위는 다양한 형태로 나타날 수 있다. 명백히 드러나는 육체적인 공격을 포함하여, 언어적 공격, 정신적 상해 더 나아가 침묵까지도 포함될 수 있다.[151]

① 맥클린토크(McClintock)의 폭력범주 구분[152]

맥클린토크(McClintock)의 폭력범주 구분은 청소년 범죄와 관련된 폭력에 초점을 두고 있다. 그는 폭력을 도구적 폭력(Instrumental violence), 개인 간의 폭력(Interpersonal violence), 이념적·정치적 폭력(Ideological & Political violence), 동기 없는 파괴적 폭력(Destructive violence without a personal motive) 등 네 가지로 구분하고 있다. 도구적 폭력은 강도나 성폭력과 같이 폭력수단을 동원하여 남의 재산을 탈취하거나 성적 욕구를 충족시키는 등의 공격적인 행위이고, 개인 간의 폭력은 두 사람 사이의 주먹다툼에서부터 불화관계에 있는 집단들 간의 패싸움에 이르기까지의 사회구성원들 상호 간에 발생하는 각종 폭력행위를 말한다. 또한 이념적·정치적 폭력은 정치적인 이념을 달리하는 집단들 간에 주도권 다툼이나 적대관계에 있는 실력자를 제거하기 위한 수단으로 테러를 감행하는 행위를 예로 들 수 있고, 마지막으로 동기 없는 파괴적 폭력은 현대문명에 염증을 느낀 나머지 뚜렷한 동기도 없이 닥치는 대로 문화, 예술을 파괴하는 행위이다. 위의 범주는 분석의 초점이 청소년 범죄에 모아진 연구에서 얻어진 것이기에 범죄를 구성하는 폭력의 행위에 국한해서 폭력의 형태를 구분하고 있다는 제한적인 측면이 있다. 그러나 대중매체의 폭력과 연관하여 볼 때 대중매체의 영향으로 청소년 범죄가 늘어나는 현 시점에서 청소년 범죄의 폭력 정의를 살펴봄으로 어떠한 형태의 폭력으로 매체의 폭력이 현실화될 수 있는지를 예측하는 데 도움이 된다.

② 쿤켈(Kunkel)의 폭력에 대한 정의[153]

쿤켈(Kunkel)은 폭력은 "인간이나 생물체에게 의도적으로 해를 입히기 위하여 육체적 힘으로 위협하거나 실제로 힘을 행사하는 것을 명백하게 묘사한 것"으로 정의내리고 있다. 그는 폭력의 정의에 나타난 중요개념을 고의성과 육체적 폭력으로 나누어 살펴보고 있다. 폭력의 고의성은 개인적인 것으로 타인에 의한 직접 관찰이 불가능한 내적 심리상태이다. 그러나 텔레비전을 통해서는 시청자들이 등장인물이 가지는 고의성을 파악할 수 있으므로 여기에 흥미를 느끼게 된다. 즉 프로그램 제작자들은 이야기를 만들어 가기 위해 폭력의 동기와 고의성을 시청자들에게 미리 전달하고 암시하며, 이와 같은 고의성이 텔레비전 프로그램 안에서 어떠한 폭력으로 묘사될지를 시청자들은 앞서 추론하게 되고, 이어 시청자들이 추론한 대로 프로그램 안의 등장인물은 육체적 폭력의 형태로 폭력을 묘사하는 상황을 연출한다는 것이다.

육체적 폭력은 위협적인 언어폭력이나 심리적, 감정적 위협을 불러일으키는 육체적 행동을 폭력으로 간주한다. 이러한 행동이 분명히 공격적이며 시청자에게 반사회적 영향력을 행사할 수 있다는 것이다. 이러한 쿤켈의 폭력에 대한 정의는 '고의성이 있는 육체적 폭력'으로 그 범위를 제한하고 있어 의도하지 않지만 결과론적으로 발생하는 폭력이나, 정신적인 폭력부분 등은 제외된 다소 지엽적인 폭력 정의라는 한계를 가진다.

③ 가브너(Gerbner)의 폭력지수[154]

가브너는 25년 동안 프라임 타임과 주말에 방송되는 공중파 텔레비전 방송프로그램 분석을 통해 텔레비전 시청과 사회현실과의 관계를 연구하여 왔다. 지금까지 3천여 편에 달하는 프로그램을 주제별, 인구사회학적, 행위별 범주로 나누어 분석하였다. 특히 그의 연구는 메시지 내용분석과 문화계발 분석으로 구성되는데 전자는 시청자들이 시청하는 프로그램의 내용분석을 말하며 문화계발 분석은 시청자에게 끼치는 텔레비전의 영향에 대한 연구를 의미하고 있다. 그의 연구는 폭력의 심각성과 이야기 구성상 폭력의 중요성을 기준으로 프로그램을 분류했으며 특정한 폭력적 사건(Specific incidents of violence)을 분리시켜 분석하였다. 아울러 폭력에 대한 정의를 통해 물리적 폭력의 에피소드를 정확하게 나누었는데, "폭력은 자신이나 타인에게 무기의 소유에 관계없이 물리적 힘으로 상해를 가하는 육체적 행동의 명백한 표현"으로서 정의하였다. 쿤켈처럼 가브너의 폭력정의에서는 언어적 폭력이나 위협적 제스처 등은 배제되기 때문에 때로는 언어적 폭력이 신체적인 폭력보다 더욱 빈번하고 더욱 위협적인 것이 될 수 있는 점을 고려할 때 여전히 한계를 드러내는 정의라고 할 수 있다.

현 사회는 다양한 폭력문화에 익숙해진 사회이다. 이러한 폭력문화는 바로 생명에 대한 경시로부터 나온다. 폭력의 범람 속에서 우리가 다시금 강조하게 되는 단어가 바로 '생명'일 것이다. 생명은 인간이 지니고 있는 최고의 가치로서 생명의 개념과 본질에 관한 문제는 끊임없이 논의되어 왔다. 생명이 무엇인가라는 문제는 매우 광범위하고 포괄적이다. 인간존중의 기본이 되는 생명에 대한 문제부터 생태계보전의 중심이 되는 생명에의 회복문제까지 '생명'은 일의적으로 정의될 수 없으며 21세기를 맞은 인류가 끊임없이 질문하고 해결해야 하는 주제이자 중심 단어이다. 오늘날 문화속의 폭력, 생태계 위기 등으로 불거진 생명의 위기 상황에서 다시금 생명 그 자체가 어떤 의미가 있는 것인지를 밝혀내는 일은 생명의 숨겨진 가치를 일깨우는 데 도움이 되는 일일 것이다.

3) 중독과 생명위기

2019년 5월 세계보건기구(WHO)는 게임 이용 장애(Gaming Disorder·게임 중독)를 질병으로 분류하는 것을 만장일치로 결정했다. 즉 일상생활을 파괴할 정도로 게임에 빠진 기간이 12개월 이상 지속할 때 치료가 필요한 병적인 상태로 판단한 것이다. 기존에는 술·마약 등에 의존하는 경우에만 중독으로 봤다. 여기에 도박·게임처럼 인간의 문제적 행동도 중독 대상이 될 수 있다고 공식적으로 인정한 것이다. 무엇이든 욕구를 스스로 조절하지 못하면 문제가 된다. 그렇다면 과연 중독은 무엇인지에 대해 알아보자.

(1) 중독의 정의

중독이라고 하면 크게 독으로 지칭되는 유해 물질에 의한 신체적 중독과 알코올, 마약과 같은 약물 남용에 의한 정신적이고 의존적인 중독을 동시에 일컫는 말이다.

① 신체적 중독(intoxication)

중독이란 생물체의 기능에 해로운 영향을 주는 화학 물질에 생물체가 노출될 경우 발생되는 문제로 정의된다. 급성 중독과 만성 중독으로 나눌 수 있으며 급성 중독(acute poisoning)은 신체 외부나 내부의 유해 물질이 신체에서 일으키는 급성 반응으로 인한 상태를 일컬으며, 만성 중독(chronic intoxication)은 유해 물질에 오랫동안 지속적으로 노출되어 발생하는 상태로 주로 직업적으로 많이 발생되며, 유기용제나 중금속 중독이 대부분이다.

중독의 원인으로는 의약품, 농약, 공업용 약품, 가정용 약품 등 약물에 의한 중독이 흔하며, 특히 문제가 되는 약물은 알코올, 수면제, 진통제, 항응고제 등이다. 그 밖에 복어독, 버섯독 등 동물 및 식물, 산과 알칼리 등 부식성 물질, 일산화탄소, 이산화황 등의 가스 중독과 세균 중독이 있다.

급성 중독 시 치료로는 위세척, 희석액 투여, 하제 투여, 흡착제(활성탄) 투여 등의 방법이 있으며 가정에서는 즉시 기도를 확보하고 부식제가 아닌 경우 토하게 하고 응급실을 방문하도록 한다.

② **정신적이고 의존적인 중독(addiction)**

일종의 습관성 중독(addiction, 중독, 갈망, 탐닉)으로, 심리적 의존이 있어 계속 물질을 찾는 행동을 하고, 신체적 의존이 있어 복용을 중단하지 못하며, 신체적, 정신적 건강을 해치게 되는 상태를 말한다. 여기서 심리적 의존(psychological dependence)이란 습관성(habituation)과 유사한 개념으로 약물을 계속 사용함으로써 긴장과 감정적 불편을 해소하려는 것을 말한다. 흡연을 예로 생각해보면 이해가 쉬울 것이다. 이와 비슷한 의미로 남용(abuse)이란 사회적 또는 직업상의 기능 장애를 초래하는 물질의 병적 사용 또는 의학적 목적과는 상관없이 약물을 지속적으로 빈번히 사용하는 것을 말한다. 남용은 내성이 생겨 더욱 심각해지는데, 내성(tolerance)이란 약물을 사용했을 때 효과가 점차 감소하거나 같은 효과를 얻기 위해 점차 용량을 증가시켜야 하는 상태를 말한다.

남용 물질로는 알코올, 니코틴(담배), 카페인(커피, 차 등), 마약류(마리화나, 코카인, 암페타민, 아편류 등), 환각제, 흡입제(시너 등) 및 일부 의약품(항불안제, 수면제) 등이 있다. 특정 남용 물질 외에도 특정 행동이나 조건에 중독된 상태까지 범위를 확장하면 인터넷 중독, 쇼핑 중독 등도 포함시킬 수 있다.

(2) 중독의 특성

중독의 종류는 다양하더라도 공통적으로 나타나는 특성에는 집착, 기분 변화, 내성, 금단, 갈등, 재발 등이 있다.

① 집착(Salience)

어떤 특정한 행위가 그 사람의 삶에서 매우 중요한 위치를 차지하게 되고, 그것에 대해서만 생각하고 느끼고 그것을 계속하기 위해 노력한다. 즉 그 행위를 하지 않을 때도 항상 다음에 그 일을 할 때 어찌할까에 대해 생각하고 있다.

② 기분 변화(Mood Modification)

그 행동을 할 때 기분의 변화를 느낀다. 그리고 이것을 사회생활이나 마음의 갈등을 해결하기 위한 도구로 사용하기도 한다.

③ 내성(Tolerance)

동일 수준의 만족감을 느끼기 위해 특정 행동에 점점 더 많은 시간, 많은 노력, 많은 양의 활동이 수반된다.

④ 금단(Withdrawal)

만일 그 행동을 하지 않거나 갑자기 행동량을 줄어들게 되면 불쾌감이나 불안감, 짜증, 불면 등의 증상이 생긴다.

⑤ 갈등(Conflict)

특정 행동 때문에 그 행위를 하는 사람 주위의 인간관계, 사회관계가 나빠지고 문제가 생긴다.

⑥ 재발(Relapse)

끊거나 조절을 한 후에 몇 년이 지난 다음에도 언제든지 어떤 문제가 생기면 같은 형태로 혹은 다른 형태로 재발이 가능하다.

(3) 중독과 생명위기

청소년들은 책상에 앉아서 컴퓨터를 쓰고 잠시라도 짬이 나면 스마트폰을 들여다 보고 있다. 카페에서 서로 마주 앉아 스마트폰을 들여다보고 있는 것이 더 이상 어색한 장면이 아니다. 스마트폰으로 기사를 읽고 대화하며 영화, 쇼핑 등을 한다. 편리하긴 하지만 대화가 끊어지고 폰을 보며 걷다가 사고가 나기도 한다. 길바닥에도 금연 표지와 함께 보행 중 스마트폰 금지까지 나왔다. 적절히 사용하면 좋은 컴퓨터나 스마트폰도 의존도가 지나치게 높아지면 인터넷 중독으로 발전한다. 또한 알코올 중독으로 치료받는 청소년이 매년 늘어나 지난해에는 2천 명에 달했던 것으로 집계됐다. 청소년 음주율은 감소 추세지만, 술을 마시는 청소년 2명 중 1명은 '위험한 음주', 5명 중 2명은 '문제적 음주'를 하고 있어 청소년 음주 문제가 심각한 것으로 나타났다. 2018년 12월 12일 국회입법조사처가 발행한 '청소년 음주 규제의 문제점 및 개선방향' 보고서에 따르면, 청소년 알코올 중독증 환자는 2010년 922명에서 지속적으로 늘어나 2017년 1천 968명으로 7년 사이 2.1배 증가했다.[155]

① 인터넷 중독

인터넷 중독이란 정보이용자가 지나치게 컴퓨터에 몰입하여 일상생활에서 경제적, 사회적, 정신적, 육체적으로 심각한 지장을 받고 있는 상태라고 정의할 수 있다. 인터넷 중독이라는 용어는 그리피스(Griffith)가 인터넷에도 중독성이 있는지에 대해 의문을 갖기 시작하면서[156] 골드버그(Goldberg)와 영(Young)에 의하여 처음 제기되었다[157]. 특히 골드버그(Goldberg)는 중독의 개념에 대하여 진단을 만들었는데 돌출 행동이나 기분 변화와 내성 및 금단 증상, 갈등, 재발을 중독 장애로 포함시켰다.[158] 인터넷에 중독된 사람은 마음이 복잡하거나 허전할 때 자기도 모르게 인터넷에 접속하여 시간을 보내며 마음의 위안을 얻는 의존성과 컴퓨터에 매달려 있는 시간이 자꾸 길어지고 컴퓨터를 끄고 빠져 나오기가 점점 힘들어지며 작업 시간은 길지만 능률이 떨어지는 내성 현상을 보인다. 마치 알코올 중독자가 술이 떨어졌을 때 손을 떨거나 극도의 불안 초조에 시달리는 것 같은 금단 증상과 유사하다. 영(Young)은 인터넷 중독의 정의를 미국정신의학회 진단 및 통계편람(DSM-IV)의 병적도박 진단기준을 토대로 하여 상황에 관계없이 계속적으로 인터넷을 사용하고자 하며 의존하여 사용하지 않으면 나타나게 되는 금단현상으로 중독을 설명하였고 더 많은 시간을 사용하여야 만족감이 생기는 내성이 동반된 심리적 장애라고 정의하였다.[159]

[그림 10] 인터넷 중독에 빠진 인간

인터넷 중독자들에게서 나타나는 전형적인 증상과 특징은 삶을 더 편안하게 하고 즐기기 위해서 하는 인터넷 사용의 행위를 과도하게 하여 생활의 균형을 깨뜨리며 자주 반복하고 조절하기 어려운 문제점을 보인다. 또한 인터넷 중독자들에게도 알코올 중독이나 도박 중독자들과 유사한 증상이 나타난다.

i) 인터넷 사용에 대한 갈망과 집착

물질중독에서와 마찬가지로 인터넷 중독의 경우 반복되는 행위에 대한 강한 갈망이 있으며 온라인을 통해 사회적 접촉과 강화를 얻으려는 욕구에서 인터넷에 병리적으로 집착하는 현상이 있다.[160]

ii) 내성과 금단

인터넷 중독의 핵심증상으로 여겨지는 강박적 사용 및 집착 조절 실패, 금단, 내성, 일상생활 장애 중에서 내성과 금단 증상의 특징은 인터넷을 못하게 하면 불안하고 초조하고 안절부절 하게 만든다. 반면에 인터넷을 다시 하게 되면 이러한 증상이 사라진다. 또한 내성은 같은 쾌락을 얻기 위해 더 많은 자극과 속도를 필요로 하는 증세를 말하는 것으로 내성을 가지게 되면 식음을 전폐하고 잠도 제대로 안자면서 인터넷을 하게 된다.[161]

iii) 조절 실패

인터넷 중독에 빠진 사람들은 이미 자신도 모르게 컴퓨터를 과다사용하고 있다. 그 때문에 일상적인 기본생활 패턴을 잃어버리게 될 뿐만 아니라 많은 일들이 현실이 아닌 가상공간에서 이루어지기 때문에 그 증상의 정도는 점점 더 심해질 뿐이고 반복적으로 나타나게 되어[162] 스스로 인터넷 사용에 대한 조절에 어려움을 겪게 되는데 인터넷 사용에 대한 자기 통제력의 실패는 가상공간의 사용에 있어서 보다 중독적인 사용 경향을 띠게 하는 요인으로 작용할 수 있다.[163]

iv) 일상생활 장애

일상생활 장애는 인터넷에 한번 들어가면 중단하기가 힘들어

일상적인 활동에 지장을 주는 것을 말한다. 특히 신체적 증상으로는 밤을 새워서 자주 인터넷을 사용하므로 생활의 주기가 흐트러져 시력저하, 눈의 피로, 만성피로감, 근골격계의 장애 등을 초래하는 것을 말하며 다른 부작용으로 시간에 대한 왜곡이나 지각 등을 언급하고 있다.[164]

② 알코올 중독

알코올 중독은 단순히 술을 마시는 양 또는 술의 종류를 기준으로 진단하는 정신장애가 아니다. 대신 알코올 중독의 진단은 술에 대한 자제력이 얼마나 있는가, 음주로 인한 신체적인 문제는 없는가, 술로 인해 사회적, 가족적, 직업적인 활동에는 문제가 없는가에 달려있다.

예를 들어 계속적인 음주로 영양결핍, 간의 기능 저하, 기억력 문제 등의 신체적인 문제를 겪거나, 가정 내 폭력, 직업상실, 음주운전, 주폭 등의 사회적 문제 혹은 불안, 우울, 환청 등의 정신적 문제를 겪고 있다면 마시는 술의 종류나 양과 상관없이 알코올 중독을 의심해야 한다.

미국정신의학회 진단 및 통계편람(DSM-IV)에서는 알코올 중독을 알코올 의존(Alcohol Dependence)과 알코올 남용(Alcohol Abuse)으로 구분하여 다음과 같이 진단기준을 제시하고 있다.

i) 알코올 의존의 진단 기준

: 지난 12개월 내에 아래의 7개 항목 중 3가지 증상을 경험한다.

1	술에 대한 내성이 나타난다. 즉 같은 양의 술로는 원하는 효과를 낼 수 없어 점점 더 많은 양의 술을 마시게 된다.
2	금단증상이 있거나 금단증상을 완화하기 위해 계속 해장술 같은 술을 찾게 된다. 금단증상이란 술의 양을 줄이거나 술을 마시지 않는 기간에 나타나는 증상으로 손이 떨리고, 불면증이 있고, 속이 안 좋고, 불안과 긴장을 느끼며 심한 경우에는 환청이나 환각을 경험한다.
3	술을 먹기 전에 생각했던 것보다 많은 양의 술을 마시거나 장기간 마신다.
4	술을 줄이거나 끊어야겠다는 굳은 결심을 하고 노력하지만 계속 실패한다.
5	술을 구하거나 먹기 위해 지나치게 많은 노력과 시간을 허비한다. 예를 들면 술을 사기 위해 밤에 몇 시간씩 영업하는 상점을 찾아다니거나 가족들이 잠자리에 들기를 기다렸다 몰래 감춰놓은 술을 마시는 경우를 말한다.
6	술 때문에 중요한 사회적, 직업적 및 여가활동을 포기하거나 줄인다.
7	술 때문에 몸과 마음에 심각한 문제가 있음을 알면서도 계속 술을 마신다. 예컨대, 술을 마시면 싸움에 휘말리거나, 이미 간 기능이 많이 저하되었다는 것을 알면서도 계속 술을 마신다.

ii) 알코올 남용의 진단기준

: 알코올 의존의 기준에는 만족하지 않지만, 계속되는 음주로 지난 12개월 내에 아래의 4개 항목 중 1가지 이상을 경험한다.

1	계속되는 음주로 인해 직장과 학교 및 가정에서의 역할을 제대로 수행하지 못한다. 예를 들어, 직장인의 경우 술로 인해 작업성과가 나쁘고, 학생의 경우 자주 결석을 하고, 성적이 떨어지며, 가정주부의 경우 자녀를 돌보지 않거나 가사를 등한시한다.
2	신체적으로 위험한 상황에서도 계속 음주를 한다.
3	음주와 관련하여 법적인 문제가 발생한다.
4	술로 인해 사회적 혹은 대인관계에 문제가 있는데도 음주를 계속한다.

알코올에 중독이 된 증상은 다양한 유형을 가진다. 심리 의존형, 쾌락형, 심심형, 매일형, 폭주형, 사회형, 신체 의존형으로 구분할 수가 있다. 먼저 심리 의존형은 끊임없는 불안과 스트레스, 우울감을 해소하기 위해서 술을 마시는 유형인데 기분이 좋을 때는 술을 딱히 마시지 않는다는 특징을 보인다. 쾌락형은 말 그대로 놀기 위해서 마시는 타입 그리고 심심형은 시간 때우기 용으로 마시는 타입, 매일형은 말 그대로 하루도 빠짐없이 술을 마시는 것이며, 폭주형은 한 번 마시기 시작하면 필름이 끊길 때까지 마시는 경우를 말하며, 신체 의존형은 술이 술을 마신다는 말처럼 금단 현상으로 인하여 어쩔 수 없이 술을 마시는 경우를 말한다.

3. 문화생태계 생명감수성 인큐베이팅을 위한 이론과 실천들

1) 다문화 감수성

다문화 감수성(multicultural sensitivity)의 개념은 연구자에 따라 다른 의미로 정의되는데, 이것은 '문화 간(intercultural, 혹은 상호문화적)'과 '감수성(sensitivity)'이라는 두 단어의 의미를 어떻게 정의하느냐와 무관하지 않다. '문화 간'은 영어의 'intercultural'을 번역한 것이며, 한국에서는 이 용어를 다문화로 번역해서 '다문화 감수성', '다문화적 감수성'으로 혼용하는 경우가 많다. 한편 감수성의 사전적 의미는 '외부 세계의 자극을 받아들이고 느끼는 성향이나 성질'을 의미한다.

다문화 감수성은 좁게는 문화적(cultural) 감수성과 유사한 뜻으로 문화적 차이를 민감하게 인식하는 태도를 의미하며, 넓게는 인지적, 정의적, 행동적 특성이 결합된 개념으로서 문화적 차이를 민감하게 의식하는 태도뿐만 아니라, 스스로의 행위를 적절하게 수정할 수 있는 능력을 포함한다. 예를 들어, 첸과 스타로스타(Chen & Starosta)는 다른 문화와의 유사점과 차이점을 인식하고 문화 차이를 받아들이며 타문화 집단 구성원과 효과적으로 의사소통할 수 있는 능력인 다문화적 의사소통 역량은 다문화적 지각(awareness), 다문화적 감수성, 다문화적 능숙함(adroitness)의 세 가지 개념으로 구분되며 이 중 다문화적 감수성은 다른 문화 집단과 효과적인 의사소통 및 상호작용을 위해 개인이 갖추어야 할 필수적 요소라고 주장하였다.[165] 반면 베넷(Bennett)은 복수의 문화적 그룹 사이에서 발생하는 문화 차이에 대응하면서 형성되는 인지적, 정서적 특징이나 행동 경향성을 포함하여 다문화 감수성을 넓은 의미로 정의하였다.[166] 이러한 통합적 개념으로서의 다문화 감수성은 문화 차이에 대하여 유연하게 대응하여 다른 문화의 사람을 만나 효과적으로 의사소통하고, 다양한 문화적 맥락에서 적절하게 사고하고 행동할 수 있는 다문화적 역량의 중요한 요인이다. 이외에도 브웍과 브리슬린(Bhawuk & Brislin)은 각자 다른 방법으로 서로 작용하는 타문화에 대한 인식, 타문화를 접할 때 나타나는 개방적 수용, 타문화의 체계 속에서 스스로의 행동을 적절하게 적응시키는 능력으로 다문화 감수성을 정의하였다.[167]

다문화 감수성은 타문화와 자신 배경문화의 차이를 인식하고 타문화를 수용하고자 하는 정서적 태도로, 타문화 집단과의 성공적인 의사소통을 할 경우에 반드시 필요하다. 다문화감수성을 지닌 개인은 자신이 속한 집단이 가지는 사회적 규범과 타문화 집단의 행동, 감성, 인식이 자신과 어떻게 다른가를 구별할 수 있게 됨으로써 자신의 긍정적 정서를 상대방에게 전달할 수 있고, 그들로부터 긍정적인 정서 반응을 얻을 수 있다.[168] 다문화감수성 수준이 높은 사람은 타문화 그룹 사람들과의 소통에 보다 적극적으로 참여하며, 나와 다른 문화를 이해하고, 다른 문화권 사람들과 상호 소통을 할 경우에 자신감을 가지며, 그들과 교류하기를 선호하고, 상호작용함에 있어서 상대방에게 호의를 갖고 주의를 집중하는 능력을 갖춘다. 이러한 다문화감수성은 고정적인 개념이라기보다는 다문화관련 경험과 교육에 의하여 일생 동안 역동적으로 변화하는 과정적인 개념으로, 다문화시대를 살아가는 사람들에게 요구되는 주요한 다문화 역량이라고 할 수 있다.[169]

2) 행복 얼라이언스[170]

행복 얼라이언스(happy alliance)는 2016년 11월 대중의 참여와 기업, 기관의 자원을 한데 모아 사회문제를 함께 해결하고자 출범한 국내 최대 사회변화 네트워크다. 경제적 성장에 몰두했던 기업도 이제는 사회문제 해결에 나서며 사회적 가치를 함께 실현하려는 분위기다. 하지만 한 개인, 한 기업이 우리 사회의 수많은 문제를 해결하기에는 한계가 있다. 더 나은 사회로 나아가기 위해서는 공유와 협력의 필요가 요구되고 있고 이것이 바로 '행복 얼라이언스'가 탄생하게 된 이유이다.

현재 약 40여 개 기업이 멤버사로 참여해 사회문제 해결을 위한 공동 캠페인을 진행하고 있으며, 누구나 참여할 수 있는 자원봉사 프로그램과 대중 캠페인을 개발하고, 의식 있는 소비를 촉진해 아동 삶의 질 향상에 앞장서고 있다.

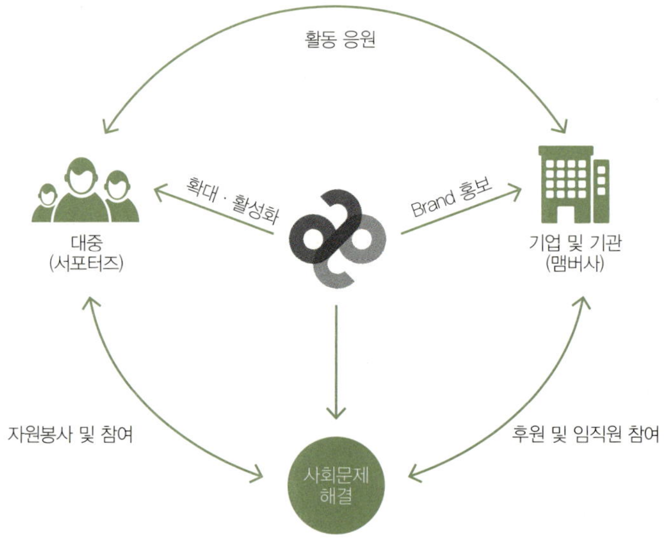

3) 슬로우 푸드 운동[171]

슬로우 푸드(slow food)는 패스트 푸드(fast food)에 대립하는 개념으로, 지역의 전통적인 식생활 문화나 식재료를 다시 검토하는 운동 또는 그 식품 자체를 가리키는 말이다. '슬로우 푸드 운동'이 발생하기 전에 1980년대 중반, 로마의 명소로 알려진 에스파냐 광장에 맥도날드가 문을 열었다. 그러나 여기서 제공하는 패스트 푸드가 이탈리아의 식생활 문화를 망친다는 위기를 낳자 슬로우 푸드 운동으로까지 이어졌다고 한다.

[그림 11] 슬로우 푸드 식사를 즐길 수 있는 레스토랑

슬로우 푸드 운동은 1986년, 이탈리아 북부 피에몬테주의 브라(Bra)의 마을에서 시작되었다. 이때, 고라라는 식생활 문화 잡지의 편집자였던 칼로 페트리니가 이탈리아 아르치(ARCI: 여가, 문화 협회)라는 단체의 한 부문으로 "아르치·고라"라는 미국 음식의 모임을 만든 것이 시작이다. 아르치 자체는 120만 명 이상의 회원을 수반하는 '풀뿌리' 이탈리아 문화의 부흥 운동 조직이다. 토착 문화와 관계를 기반으로 하며, 이는 슬로우 푸드의 이념과 밀접한 관련이 있다. 그래서 슬로우 푸드 운동은 안티 맥도날드 운동으로도 불린다. 비만이나 당뇨 등을 일으키는 패스트 푸드에 반기를 들고 정성이 담긴 전통음식으로 건강한 먹을거리를 되찾자는 취지다.

1996년의 슬로우 푸드 법령에는 구체적인 활동에 있어 다음과 같은 3가지 지침이 있다.

지킴 : 사라질 우려가 있는 우려가 있는 전통적인 식재나 요리, 질 좋은 식품, 와인(술)을 지킨다.

가르침 : 아이들과 더불어 소비자에게 맛의 교육을 진행시킨다.

지지함 : 질 좋은 재료를 제공하는 생산자(업체)를 지킨다.

인스턴트 식품이나 간편한 통조림 같이 편한 것만을 추구하던 현대인들이 점점 무공해 자연 건강식을 찾고 있는 것을 보면 일상생활 속에서 점점 슬로우 푸드가 발전해 나가는 것 같다. 슬로우 푸드 운동의 상징으로 사용되는 달팽이 무늬는 유기농의 친환경적 의미를 나타내며 슬로우 푸드 운동의 확산을 위하여 공식적인 홈페이지(www.slowfood.com)도 운영되고 있다.

4) 인터넷, 스마트폰 과의존 치유 캠프

여성가족부 산하 국립 청소년 인터넷 드림마을은 인터넷이나 스마트폰 과의존으로 어려움을 겪는 청소년에게 '치유 캠프'를 제공한다. 인터넷·스마트폰 '과의존 위험군'으로 분류된 만 13~19세 청소년들은 의존 정도와 원인 등 소정의 평가 과정을 거쳐 이 캠프에 참여할 수 있다. 과의존 정도에 따라 1~4주간 스마트폰을 비롯한 전자기기 없이 생활하게 된다. 갑작스러운 스마트폰 중단은 손 떨림이나 우울증 등 금단증상을 불러오기도 한다. 캠프에 참여한 학생들은 옆 친구들과 활발하게 대화하며 '스마트폰 디톡스(해독)' 과정을 거치고 있다.[172]

incubating life sensibility

5

Chapter

이제는 생명감수성이다

01 삶의 의미와 행복

02 살림이스트가 되자!

5장

이제는 생명감수성이다

오늘날과 같은 총체적인 생명 죽임의 시대는 생명에 대한 감수성을 요청한다. 이에 본 과목은 생명에 대한 감수성을 배양하자는 의미에서 〈생명감수성 인큐베이팅〉이라는 제목으로 수업을 진행했다. 생명에 대한 기본적인 이해를 위해 필요한 사항들을 살펴보았으며, 자연 생명과 생명감수성, 사회 생명과 생명감수성, 문화생명과 생명감수성이라는 큰 틀에서 고통받고 유린당하는 생명의 아픔을 공감하면서 생명에 대한 감수성을 배양시켜 왔다.

이제 인간이라는 고차적 생명에게만 해당되는 문제인 삶의 의미와 행복을 최종적으로 살펴보고, 마지막으로 생명감수성을 가지고 살아가는 사람인 살림이스트와 관련하여 '살림이스트가 되자!'라는 제목으로 전체적인 마무리를 하고자 한다.

1. 삶의 의미와 행복

1) 삶의 의미

인간은 삶의 의미에 대해서 명확한 답을 얻을 수 없지만 삶의 의미에 대해서 물을 수밖에 없는 존재이다. 식물이나 동물이 자신의 생명의 의미를 묻는지 혹은 물을 수 있는지 확인할 길은 없다. 그러나 적어도 인간은 그러한 물음을 물을 수 있는 존재이다. 그러므로 삶의 의미에 대한 감수성은 생명감수성에서 빼놓을 수 없는 부분인 것이다. 그러므로 우리는 여기에서 삶의 의미의 문제에 대해서 다시금 생각을 해 보고자 한다.

어떤 사람은 삶의 의미를 묻는 것이 무슨 소용이 있는가라고 질문한다. 일반적으로 사람들은 삶의 의미를 묻지 않고도 잘 살아갈 수 있다. 아니, 어쩌면 삶의 의미를 지나치게 물어 들어간다면 오히려 생활에 불편을 초래할 수도 있다. 어떻게 보면 이런 사람은 삶의 의미에 대한 감수성이 결여되어 있다고 해도 무방할 것이다.

그러나 사람이 절대 절명의 상황에 처하게 되면 사정은 달라진다. 로고테라피(logotherapy)의 창시자 빅터 프랭클은 삶의 의미가 최악의 상황에서 사람으로 하여금 살아가도록 힘을 주며 정신적인 문제를 해결하는 데 도움이 된다고 주장한다. 그는 의미가 지닌 힘을 강제 수용소에서 경험했다.

정신과 의사였던 프랭클은 제2차 세계 대전 중 강제 수용소에 수용되어 비참한 삶을 3년간이나 살았다. 로고테라피를 이해하기 위해서는 강제 수용소가 얼마나 극한의 장소였는가를 이해할 필요가 있다. 강제수용소로 이주하는 사람들은 동물들이 타는 열차를 타고 긴 시간 여행을 했다. 이 과정에서도 많은 사람이 죽었다. 수용소에 도착하면 나치의 군인들이 총부리를 들이대고 그 자리에서 전 재산을 빼앗아갔다. 심지어 금이빨을 뽑아가기도 했다. 훗날 뉘른베르크의 전범재판의 과정에서 상자에 담긴 금이빨이 제시되기도 했다. 강제 수용소 중 가장 악명이 높았던 아우슈비츠 수용소의 입구에는 '노동이 자유롭게 하리라!'(Arbeit macht frei)는 문구가 적혀 있다. 불행한 운명에 처한 입소자들의 운명마저 유희거리로 삼는 나치의 악마적인 정신을 엿볼 수 있다. 수용소에 들어갈 때는 제모를 했는데, 여성들의 머리카락은 군용외투의 털로 사용되거나 양탄자의 재료가 되기도 했다. 수용소에 들어가면 90%의 사람들이 목욕탕을 개조한 독가스실에서 청산가리로 만든 독가스를 마시고 죽었다. 죽은 시체는 화장을 했다. 그래서 수용소에는 늘 연기가 타올랐다. 살아남은 10%가 수용소 생활을 했다. 매 시간이 지옥이었다고 해도 과언이 아닌 그러한 장소였다. 수감자들은 하루에 물 한컵, 소량의 빵과 묽은 수프를 배급받았다. 수감자들의 체중은 급격히 떨어졌다. 한 여성은 70kg의 몸무게가 나가는 상태에서 입소했지만 20~30kg대로 떨어졌다. 한 컵의 물로 먹는 것과 씻는 것을 감당해야 했다. 자연히 수감자들은 씻지 못했고 그들의 몸에서는 악취가 나게 되었다. 그곳에서는 너무 늙거나 아프면 돌봄을 제공하지 않고 독가스실로 보냈다. 강제 수용소에서는 인체실험도 가해졌다. 사람을 비누로 만든다거나 인공적으로 샴쌍둥이를 만드는 것과 같은 극악한 일들이 자행되었다.

프랭클은 그곳에서 의미와 목적을 잊어버리고 절망한 사람들이 더 빨리 죽고 의미와 목적을 가진 사람들이 생존한다는 사실을 깨닫게 된다.

한 작곡가가 있었는데, 그 작곡가는 3월 30일이 되면 나치가 물러나고 자신이 해방될 것이라는 희망을 가지고 있었다. 그러나 30일이 되었지만 세상은 그대로였다. 그 작곡가는 그 다음 날 죽어버린다. 프랭클은 그 때 큰 깨달음을 얻게 된다. 희망의 끈을 놓아버린 사람은 실제로 목숨도 잃게 된다는 사실을 알게 된 것이다. 그래서 프랭클은 절대 자살하지 않겠다고 결심하게 된다. 그리고 얼마 후 4월에 히틀러가 자살하게 되고 프랭클은 풀려나게 된다. 죽음의 수용소에서 의미와 책임, 유머를 통한 삶의 힘과 치유의 힘을 깨달은 프랭클은 수용소를 나와서 의미치료 혹은 의미요법이라 번역되는 로고테라피를 창시한다.

[그림 12] 아우슈비츠 강제 수용소 입구

프랭클은 생존가치(survival value)를 주장한다. 생존 가치란 "다른 조건들이 같다면 미래를 지향하는, 즉 미래에 충족될 의미를 지향하는 사람들이 가장 먼저 살아남는다"는 것을 뜻한다. 또한 프랭클은 고통의 불가피성을 강조했다. 고통이 없으면 좋지만 인생에는 고통이 없을 수가 없다. 그러나 그는 "삶에 의미가 조금이라도 있다면 고통에도 의미가 있음이 분명하다"고 말한다. 프랭클은 불가피한 고통이 닥쳐왔을 때 그것을 회피하지 말라고 하는 것이다. 고통은 거부하고 회피한다고 해결되는 것이 아니다. 그렇게 하면 오히려 고통의 무의미라는 고통에 빠져들게 된다. 프랭클은 고통을 삶의 일부로 받아들이고, 그 속에서 의미를 발견하라고 말한다. 고통뿐 아니라 죄와 죽음에도 의미가 있다.

[그림 13] 프리드리히 니체

그의 저서 『죽음의 수용소에서』에는 로고테라피를 요약한다고 할 수 있는 니체의 말이 기록되어 있다. "왜 살아야 하는지 아는 사람은 그 어떤 상황도 견뎌낼 수 있다." 니체의 말은 삶의 이유(why)를 아는 사람은 그 어떤(how) 가혹한 상황도 이겨낼 수 있다는 것이다. 이러한 니체의 경구는 그야말로 로고테라피의 전체 이론을 한 문장으로 요약해 놓았다고 해도 과언이 아닐 것이다. 프랭클은 니체의 또 다른 격언을 인용한다. "나를 죽이지 못한 것은 나를 더 강하게 만든다." 이 말은 니체가 자신의 고통에서 어떻게 의미를 발견했는가를 보여주는 말이다. 고통이 있더라도 아직 나를 죽이지 않았다면 그것은 단지 나를 강하게 하는 자양분에 불과하다는 니체의 강인한 말이다.

프랭클의 로고테라피는 생명감수성에 있어서 고차적인 부분인 삶의 의미라는 측면에서의 감수성을 일깨우기에 적합하다. 평소에는 다소 무심하게 지나칠 수 있는 의미의 문제가 극단적인 상황에서 새롭게 예리하게 부각되는 것이다.

2) 행복

인간이라는 고차적 생명은 행복을 추구하고 행복에 대해서 고민한다. 대체적으로 생명체는 자기 보존과 쾌락을 추구하는 경향이 있지만 모든 생명체가 행복을 추구하는지는 명확하게 알려져 있지 않다. 행복은 인간이라는 생명체와 가장 긴밀하게 연결되어 있다. 그러므로 행복에 대해서 성찰하고 예민한 감수성을 가지는 것은 생명감수성에 있어서 빼 놓을 수 없는 중요한 사안이다.

[그림 14] 행복을 추구하는 인간

인간은 행복에 대해서 고민하는 존재이다. "행복하고 싶습니까? 행복해야겠습니까?"라고 묻는다면 많은 사람들은 "그렇다"고 인정한다. 사람이 행복을 추구하는 것만큼 자연스러운 일이 또 있을까? 고대 그리스에서도 행복을 "최고선", 즉 가장 좋은 것이라고 부르며 행복을 추구하는 일의 정당성에 대해서 의문을 가지는 일은 거의 드물었다.

그런데 현대의 문학가와 철학자 가운데는 행복의 패러독스(paradox)를 주장하는 사람들이 있다. 행복을 추구하면 오히려 불행해지고, 행복을 잊어버리고 행복을 추구하지 않으면 도리어 행복해진다는 것이 바로 행복의 역설이다. 이와 관련하여 구스타프 플로베르(Gustave Flaubert)는 다음과 같은 말을 했다.

> "행복이라는 단어가 얼마나 많은 눈물을 흘리게 했던가? 이 단어만 없으면 더욱 평온하게 살련만...."

왜 행복이라는 단어가 사람들을 불행하게 만들고 눈물을 흘리게 하며, 평온한 삶을 방해하는가? 철학자들은 행복을 추구하게 되면 행복은 삶의 조건이 되고, 그렇게 되면 행복하지 않은 삶을 삶으로 여기지 않게 되어 도리어 불행해지게 된다고 말한다.

행복과 관련하여 이러한 주장을 적극적으로 펼치는 사람이 바로 프랑스의 대중 철학자 앙드레 콩트-스퐁빌(Andre Comte-Sponville)이다. 콩트-스퐁빌은 파리1대학에서 부교수로 재직했고, 현재는 집필과 대중강연에 집중하고 있다. 2008년부터는 프랑스 국가윤리자문위원회 위원으로 활동중이다.

콩트-스퐁빌은 "행복을 희망하며 사는 것, 행복해야 한다는 조건을 걸고 사는 것은 분명 불행에 이르는 지름길이다. 철학자의 말에 따르면 행복에 도달하기 위해서는 행복을 찾지 말아야 한다"고 주장한다.

그가 경계하는 것 중 하나는 행복=지복(지극한 복락)으로 보는 견해이다. 그는 "행복을 지복 위에 세우지 말라, 행복을 기쁨 위에 세우라. 소박한 행복관을 가지라. 비교적 행복하거나 대체로 행복하다면 행복한 것이다" 라고도 말한다.

그렇다면 행복을 추구하지 않는다면 어떻게 살라는 말인가? 콩트-스퐁빌은 행복을 목표로 하지말고 삶 자체를 삶의 목표로 삼으라고 가르친다. 행복할 때만 삶을 사랑한다면 이때 사랑하는 것은 삶이 아니라 행복이다. 그는 행복을 추구하는 것에서 삶을 사랑하는 것으로 옮겨가는 것이 중요하다고 충고한다. 그에 따르면 삶을 사랑한다는 것은 고통과 불안 그리고 불행을 포함한 삶 자체를 사랑하는 것이다.

그래서 행복의 진정한 비밀은 행복을 찾지 않을 때만 그것에 도달할 수 있다는 것이다. 콩트-스퐁빌은 "행복은 그것을 찾지 않는 사람에게 오는 보상이다"라는 알랭(Alain)의 말을 인용한다.[173]

그러한 이러한 행복관은 다소 비관적이며, 사람의 자연스러운 욕구를 막는 듯한 느낌을 준다. 행복을 추구하되 행복의 다양성을 이해하는 것이 더 중요하다. 아우구스티누스(Augustinus)는 바로(Marcus Varro)라는 학자의 말을 인용한다. 바로에 따르면 고대 학자들의 행복에 관한 이론만 해도 "무려 288개"가 있다는 것이다. 더 섬세하게 들어가면 더 많은 행복 이론이 있지 않을까? 그렇기 때문에 행복은 원래 주관적이며 다양하고 다원적인 것이다. 행복은 이처럼 다양하기 때문에 부모와 자녀 가운데도 행복관이 다를 수 있다. 문제는 행복을 일원화하는 것이다. 획일적 행복관이 문제이다. 다양한 행복관이 통용되는 사회를 만들어야 한다. 서로 다른 행복관이 상호존중 받는 사회가 될 때 사회의 많은 문제가 해결될 것이다.

2. 살림이스트가 되자!

생명감수성을 배양한 사람들은 어떠한 삶을 살아야 할까? '살리는' 사람이 되어야 할 것이다. '살다'는 말이 자동사이며 목숨을 지니고 있는 것을 의미한다면, '살리다'는 말은 타동사로서 살아있음을 유지하고 보존할 수 있도록 보존하고 보살피는 것을 말한다. 그냥 살고 있는 것이 아니라 살아 있음과 독특한 관계를 맺고 있음을 부각시킨다. "살아 있음의 상태를 바람직한 가치로서 인정하고 받아들여 살아있는 것이 그 살아 있음을 유지하고 보존할 수 있도록 배려하고 보살피는 것을 말한다." 이러한 살림의 생활자세가 '살림살이'라는 낱말 속에 간직되어 있다. 그리고 이러한 살림살이를 책임지는 사람을 '살림지기'라고 불렀다.[174] 영어식으로 조어를 하면 살림지기는 '살림이스트(Salimist)'라고 부를 수 있을 것이다.

이러한 살림이스트는 구체적으로 어떤 사람일까? 현경은 살림이스트 선언을 하는데 그 중 생명감수성과 연관된 내용을 정리하자면 다음과 같다.[175]

① 살림이스트는 살림에서 온 말이다

② 살림은 한국 여성이 매일 하는 가정 일을 일컫는 말이다

③ 살림이란 모든 사람을 배부르고 행복하게 먹이는 것, 가족의 평화와 건강과 풍요함을 끌어내는 것, 아름다운 삶의 환경을 만드는 것을 뜻한다.

④ 살림이스트는 한국의 에코페미니스트, 또는 이들의 비전에

참여하고 싶어하는 세계의 모든 사람들을 가리킨다.

⑤ 살림이스트는 모든 것(특히 죽어가는 지구)을 살아나게 하는 사람이다.

우리는 모두 생명의 소중함을 느끼고, 모든 것을 살리는데 참여하는 살림이스트가 되자!

incubating life sensibility

부록

Appendix

01 생명감수성 인큐베이팅 모델 찾기

02 살림이스트 되기 프로젝트

03 그림으로 표현하는 생명

부록 1

생명감수성 인큐베이팅 모델 찾기

생명감수성 인큐베이팅 모델 찾기는 생명감수성 인큐베이팅의 모델로 볼 수 있는 인물, 기관, 사업을 탐방하여 그 활동과 프로그램을 조사하는 것이다. 부록으로 수록 된 사례는 생명감수성 인큐베이팅 수업을 수강했던 학생들의 보고서이다.

생명평화아시아

— 탐방 인물/기관/사업의 주소(홈페이지)

http://www.eco-peace-asia.net/

— 탐방 인물/기관/사업의 선택 이유

자연 그 자체를 지향점으로 두고 활동한다는 점과 환경, 동물, 탈핵, 인권 및 공동체 개발 등 포괄적으로 생명감수성 인큐베이팅을 하는 기관이라고 생각해서 해당 기관을 선택함

— 탐방 인물/기관/사업의 영역

자연생태계(○) 사회생태계(○) 문화생태계( )

— 탐방 내용

1. 기관/사업의 목적(인물의 지향 가치 또는 철학)

생명평화아시아는 생명평화운동의 연구소 겸 녹색운동의 공익재단을 지향한다. 생명과 평화는 곧 녹색, 풀빛의 삶을 의미하기 때문에 생태파괴를 막고 환경을 지키는 일, 생명을 소중히 여기며 살생을 막고 경계하는 일, 살생과 파괴를 본질로 하는 전쟁을 막는 일이 생명과 평화의 과제라고 여긴다. 따라서 생명평화운동은 환경운동과 평화운동을 아우르는 것이기도 하다.

연구소는 정책과 이론을 생산하여 이를 생명과 평화의 운동을 하는 단체와 개인들에게 공급하며, 나아가 공동체의 구성원 모두에게 전달되도록 노력한다. 생명이 존중되고 생태가 보전되는 녹색세상을 향하여 사람과 자연, 사람과 사람이 어울려 살아가는 푸른 누리를 만들기 위해 그 매개체 역할을 하고자 한다. 환경과 인권을 위한 사회운동단체, 생태와 평화를 지키는 정당과 연대하며 그들이 소임을 다할 수 있도록 사람, 재정, 정책으로 지원하고 공동체 구성원들이 생태적 지혜와 인권감수성을 갖추도록 도우는 일을 할 것이다.

실현하고자 하는 가치의 으뜸은 '생명'이다. 생명은 삶이고 살림이며, 생명에서 생태와 평화의 가치가 나온다고 믿는다. 우리는 개인의 삶과 가족의 살림살이, 지역 공동체와 나라의 살림살이, 아시아 시민의 살림살이를 돌아보고 생명의 가치를 회복하는 길을 찾고자 한다. 아시아의 평화, 인권과 삶의 질을 높이는 일에 앞장설 것이다. 빈곤과 질병의 근원을 고민하며 억압과 독재에 맞서 민주주의와 인권을 위해 싸우는 아시아 민중들의 노력을 지지한다. 지역공동체의 발전을 지원하며, 교육과 문화 등의 영역에서 인권 증진에 애쓰는 단체와 활동가들을 지원하고 그들과 교류하며 연대할 것이다.

2. 기관/사업의 연혁(인물의 활동 역사)

생명평화아시아는 2015년 마음과 지향점이 맞는 사람들이 모여 준비모임을 갖는 것에서 시작됐다. 회원 토론회와 강연, 간담회를 위주로 활동하였으며, 회원 각 개인이 생각하는 생명과 평화에 대해 발표하는 시간을 통해 서로의 생각을 공유하고 이해의 폭을 넓혀왔다. 그해 6월에는 대구환경운동연합, 생명평화아시아, 천주교대구대교구정의 평화위원회, 환경과 생명을 지키는 대구교사모임이 공동주최한 북 콘서트를 진행하기도 했다.

2017년 3월, 추진 위원회 결성식을 개최하여 규모와 정체성을 더욱 확고히 다졌다. 기존 활동에 세미나와 강연회 그리고 현장기행을 더해 직접 발로 뛰면서 사회가 마주한 문제를 직면하고 이해했으며 소화하고 있다. 대구시가 추진하고 있는 ‘팔공산 구름다리’ 정책의 찬반 논란에 있어서도 현장 답사에 나가보거나 그에 대한 대응 방안을 논의한 바 있다.

생명평화아시아가 제대로 된 터전을 잡은 건 2018년의 일이다. 2월 25일, 대구 수성구 광덕빌딩으로 사무실을 이전하면서 생명 평화 나눔의 집이 새롭게 둥지를 틀었고, 10월에는 사단법인 창립총회를 열었다. 이후 여러 연대활동과 지원 사업 등을 이어오고 있으며, 올해 2월 대구청년 NGO 활동확산사업 협약식을 가지기도 했다.

3. 인물/기관/사업의 주요 활동 및 프로그램

첫 번째로, 생명을 살리는 조사 연구 활동을 한다. 대표적으로 4대강 사업으로 인한 강 생태계의 변화와 회복을 위한 방안 연구, 케이블카 설치와 도로건설로 신음하는 산 생태 파괴현장에 대한 조사와 연구, 한국 핵발전소 건설과 운영의 문제점, 반핵/탈핵 운동의 흐름과 전망에 대한 연구, 경제와 노동·교육·보건의료·여성 등 녹색정치의 주요 과제들에 대한 연구 활동, 인간의 본성을 넘어서는 생명공학의 문제에 대한 비판적 연구 등이 있다.

두 번째로, 평화는 심는 조사 연구 활동을 한다. 핵무기와 기타 대량 살상무기의 정치적·윤리적·법적 문제점에 대한 연구, 평화군축운동의 역사와 현재 전망에 대한 연구, 양심적 병역거부 등 개인의 결단에 기한 평화운동 사례 연구, 이주노동자·결혼이주자 등 이주민의 인권운동 사례 연구, 한반도 평화를 위한 조사연구 활동, 비폭력 저하운동·시민불복종 운동의 역사화 현실 전망에 대한 연구 등이 이에 포함된다.

세 번째로, 공익재단 사업이 있다. 생명평화의 길을 위한 재원형성과 공익재단을 설립하기도 하고, 녹색운동을 학습하고 실천하는 모임에 대한 재정 지원도 한다. 이외에도 모금활동, 배움터 설립과 운영, 협동경제 사업을 통한 공익기금 조성 활동이 있다.

네 번째, 아시아와 손잡는 인권평화 연대활동도 그들의 주요 업무다. 이주노동자 운동과 이주민 권익운동에 대한 지원과 연대를 아끼지 않고, 아시아 지역의 인권침해 사례를 조사하며 국내외 활동을 통한 해결 방안을 찾으려고 노력한다. 귀환 이주노동자들의 공익활동 지원 및 연대, 상호방문과 교류 역시 진행한다. 아시아 나라의 인권과 평화운동 단체들과의 나눔과 교류, 학생과 시민을 위한 아시아 인권평화 기행도 틈틈

이 이어가고 있다.

4. 탐방 후기(새롭게 알게 된 점과 변화된 점을 중심으로)

우선 대구에 환경단체나 인권단체가 생각보다 많이 있다는 걸 알게 됐다. 기관 대부분이 사이트와 활동이 매우 구체화 되어있고 잘 구축돼 있다는 인상을 받았다. 실제로 회원들이 중복적으로 각 기관에 가입해 있고, 연합하여 활동하거나 행사를 개최하는 일이 많다고 했다. 환경이나 인권을 위해 운동하는 사람들이 있다는 건 어느 정도 알고 있었지만, 정확히 내 주변 어디에서, 무슨 활동을 하고 있고, 어떻게 추진해나가고 있는지 관심을 기울인 적이 없었던 것 같다. 과제를 하면서 가장 먼저, 그리고 가장 감명 깊게 배운 것은 내 옆에 어떤 생명감수성이 머물러 있는지 돌아봐야 한다는 것이었다.

'생명평화아시아'는 제법 큰 규모의 사무실을 가지고 있었는데, 6개 정도의 타 연합들과 공존하고 있었다. '생명평화나눔의집'이라는 이름으로 회의실과 거실을 공유하는 것이 연합 간의 상호작용을 활성화하는 데 도움이 된다고 했다. 실제로 기관별로 구체적인 활동이나 추진 방법만 다를 뿐, 지향하는 가치는 거의 같기 때문에 공간을 공유하며 소통을 활발히 하는 모습이 매우 효율적이어 보였고, 이러한 '협력' 자체가 녹색운동이 말하는 공동체 정신을 바탕으로 두고 있는 것 같다.

대부분의 환경 단체는 비영리적 성격을 가지고 있어서, 회원비와 후원금으로 운영해나간다고 한다. 기부는 이미 많이 행해지고 있긴 하지만, 지역 단체에 작은 금액이라도 후원한다면 내가 거주하는 지역의 환경과 인권 감수성이 더욱 고양되는 데 도움이 되지 않을까 싶다. 또한, 이들이 추구하는 가치가 진정으로 실현되기 위해서는 이 땅에서 살아가는 시민들의 참여가 가장 필요할 것 같다. 직접 동행하진 못하더라도, 그들의 발자취에 관심을 가지고 귀 기울인다면 세상의 생명감수성이 한 단계 올라서기 더 수월해질 것이다.

오분의 일

— 탐방 인물/기관/사업의 주소(홈페이지)

https://www.facebook.com/kcwproject/

— 탐방 인물/기관/사업의 선택 이유

다른 사람의 입장에서 문제를 인식하고 그들을 도와줄 기회를 마련한 사람들뿐만 아니라 그들을 도와주기 위해 캠페인에 참여한 사람들 모두가 생명감수성 인큐베이팅의 모델이라고 생각했기 때문.

— 탐방 인물/기관/사업의 영역

자연생태계( ) 사회생태계(○) 문화생태계( )

— 탐방 내용

1. 기관/사업의 목적(인물의 지향 가치 또는 철학)

여성 노숙인들은 여성 노숙인 시설에서 지원되는 생리용품을 사용해 생리 기간을 지내는데 이것은 한정된 수량으로 몇몇의 사람에게만 지원

되고 있다. 대부분의 여성 노숙인들은 생리대가 없어 그 대체품으로 화장실 휴지나 버려진 신문지, 양말 등 각종 불청결한 방법을 동원해 생리 기간을 견뎌야 한다. 여성으로서 누려야 할 가장 기본적인 복지인 생리대를 복지의 사각지대에 있는 그들에게 효과적으로 전달하여 그들의 위생 문제를 해결하고자 한다.

"여성들은 평소에 생리대를 5개 정도 가지고 다닌대요. 한 개만 기부해도 여성 노숙인의 생리 문제를 해결할 수 있겠더라고요. 그래서 '1/5 나눔 캠페인'을 시작했어요."[176]

2. 기관/사업의 연혁(인물의 활동 역사)

2017.10.25.	면 생리대 기업 '채맘 오가닉'과 협업하여 5개의 면 생리대 구매시 1개의 생리대를 여성 노숙인에게 기부하는 활동 시작
2017.10.31.	1/5 나눔 사전 캠페인
2017.11.1.~11.30	1/5 나눔 캠페인 (한 달간 진행했으나 기간 연장으로 현재 진행중)

3. 인물/기관/사업의 주요 활동 및 프로그램

1/5 나눔 캠페인

: 생리대 없이 청결하지 않게 생리를 견디는 여성 노숙인들에게 생리대를 나누어주는 캠페인

4. 탐방 후기(탐방을 통해 새롭게 알게 된 점과 변화된 점을 중심으로)

매달 오는 월경에 매일 짜증을 내면서 단 한 번도 생각해 본 적 없는 타인의 월경. 그래서 그런지 이 캠페인을 처음 접했을 때 누군가 내 머리를 세게 때린 느낌이었다. 이 캠페인은 서울 영등포역에서 진행되었는데

나도 이 캠페인에 참여하고 싶어 서울에 갈 일이 생겼을 때 생리대를 몇 개 챙겨 영등포역에 가서 넣어놓고 오기도 했다. 내가 넣을 당시에는 생리대가 두 개 정도 들어있었는데, 이 캠페인에 대해 찾아보니 누군가 주기적으로 채워 넣기도 하고, 어떤 사람들은 택배로 생리대를 보내기도 한다고 한다. '노숙인이 아닌 일반인이 생리대를 사용하면 어쩌냐'는 우려가 있었지만 캠페인이 연장되어 현재까지 진행되고 있는 것으로 보아 이런 상황은 거의 발생되지 않는 것 하다. 또한 영등포역에 여성 노숙인, 특히 젊은 여성 노숙인이 많이 없어 본 캠페인이 잘 이루어질지에 대한 우려도 있었다. 하지만 오분의 일 팀은 '양적인 측면을 떠나 단 한 명의 노숙인이 생리대를 가져갈지라도 생리위생문제를 해결하기 위해 설치되어야 한다.'라고 답했다. 다른 사람의 입장에서 문제를 인식하고 그들을 도와줄 기회를 마련한 사람들과, 그들을 도와주기 위해 이 캠페인에 참여한 사람들 모두 생명감수성 인큐베이팅의 모델이라고 생각한다.

프로젝트ㄱ

— 탐방 인물/기관/사업의 주소(홈페이지)

대구시 북구 호암로51 대구창조경제혁신센터 201호

— 탐방 인물/기관/사업의 선택 이유

우리는 모든 '살아있음' 에 관여하며 살아간다. 이 프로젝트ㄱ 자체가 살아있는 것들을 다른 사람들에게 기억하게 만들고 굿즈를 통해 상기시키는 목적들을 가지고 있기에 충분히 생명감수성을 인큐베이팅 하는 것에 적합하다고 생각했다.

— 탐방 인물/기관/사업의 영역

자연생태계( ) 사회생태계(○) 문화생태계( )

— 탐방 내용

1. 기관/사업의 목적(인물의 지향 가치 또는 철학)

'작은 기억들을 모아 세상을 바꾸는 큰 힘을 만듭니다.' ceo 강태구님의 명함에는 이 짧은 문장 하나로 자신들의 프로젝트 사업 목적을 알리고 있다. 이 사업의 목적은 개개인의 작은 기억을 모아 더 나은 사회를 만들겠다는 소셜 미션을 가지고 사회, 문화, 역사 속 소외된 기억을 이야기하는 소셜 라이프 스타일 브랜드이다. 소외된 기억이 담긴 패션 굿즈를 판매하고 수익 일부를 그 기억 주체들의 문제 해결을 위해 사용하는 식의 선순환 구조로 운영되고 있다. 소외된 모든 생명체들이 좀 더 밝게 비추어졌으면 하는 의미에서 이 사업이 시작되었다고 한다.

2. 기관/사업의 연혁(인물의 활동 역사)

[2015년 3월~4월]

1차 세월호 기억하기 프로젝트 와디즈 크라우드펀딩 645% (12,909,770원) 달성

[2016년 3월~4월]

2차 세월호 기억하기 프로젝트 와디즈 크라우드펀딩 221% (4,417,500원)

달성

[2017년 와디즈 크라우드펀딩 3회 성공]

* [3월~4월] 3차 세월호 기억하기 프로젝트 : 404% (8,084,000원)

* [7월~8월]독거노인 기억하기 프로젝트 : 238% (4,772,000원)

* [10월~11월]굿모닝 독도 프로젝트 :808% (24,248,200원)

[2018년 와디즈 크라우드펀딩 2회 성공]

[5~6월] 굿모닝독도 Summer Edition 580% (17,394,515원) 달성

[10~11월] 우리삽사리 704% (21,144,109원)

3. 인물/기관/사업의 주요 활동 및 프로그램

'프로젝트 ㄱ'은 현재, 세월호부터 시작하여 독도, 독거노인, 삽살개 등과 관련된 다양한 기억 프로젝트들을 시작해서 성공해오고 있다. ceo 강태구님은 광고홍보학과를 전공했었는데 학교 내에서 동아리로 시작한 기획들이 어느 새 창업까지 오게 된 것이다. 프로젝트 ㄱ 은 모든 프로젝트들을 크라우드 펀딩을 통해 활용하는데 단기적인 사회 이슈를 이야기 하지 않고 하나의 사회 안건을 설정할 수 있는 구조적 측면까지 고려하여 주제를 선정한다고 했다. 최대한 객관적인 입장에서 기억의 주체를 바라본 후 내부 회의를 거쳐 주제를 선정하게 되면 수집한 자료들을 토대로 스토리를 작성하고 동시에 아이템 기획 및 제작에 착수하게 된다. 크라우드 펀딩을 통한 선주문으로 구매 수량을 파악하고, 그에 맞처 제품을 생산한 뒤에 배송하는 구조로 진행이 되고 있다. 그리고 이후 순수익금의 20%를 선정된 소외된 기억의 주체들을 위한 기관/ 단체에 기부하고 있다. 일상에서 자연스레 사용하는 굿즈를 통하여 기억의 메시지를 전달하고 있다.

4. **탐방 후기**(탐방을 통해 새롭게 알게 된 점과 변화된 점을 중심으로)

공동대표인 김예완님은 작년에 같은 교양을 들으면서 친해진 언니다. 생명감수성 인큐베이팅이라는 수업을 시작 할 때부터 언니가 하고 있던 프로젝트가 떠올랐다. 교수님이 말씀하시길, 우리들은 모두 살아가고 있지만 그냥 살아있는 것이 아니라 다른 모든 것들의 '살아있음' 에 관여하며 살아간다고 한다. 이 프로젝트가 그러하다. 무언가를 기억해두고 살지 않으면 삶 자체에 가치가 담겨지지 않는다고 본다. 꾸준히 기억하고 계속 되새기면서 살아있는 것들에 관심을 가지고 살아가는 그들을 우리 모두가 본받아야 한다고 생각한다. 언니와 프로젝트를 중심으로 이야기한 것 중에 새롭게 알게 된 것은 변화가 일어나기 위해서는 인식부터 바뀌어야 한다는 것이다. 인식이 바뀌는 것이 변화를 발돋움하게 하는 촉발제라고 했다. 나도 프로젝트 ㄱ에서 나오는 굿즈들을 구매하면서 내 주변의 살아있는 것들을 항상 기억하고 감사한 마음을 가지면서 살아야겠다.

그레이스 실버 영화관

— 탐방 인물/기관/사업의 주소(홈페이지)

대구 중구 경상감영길 137 / http://gracesilvermovie.com

— 탐방 인물/기관/사업의 선택 이유

현재 우리나라는 고령화 사회로 노인 소외 문제가 빈번하게 발생하고 있다. 특히 문화적 측면에서 주로 청·장년층을 대상으로 하여 생산되고 소비되는 문화 생태계 조성은 노인들의 문화 접근성을 떨어뜨리고 있다.

이러한 문제점을 해결하기 위해 자체적으로 운영하고 있는 그레이스 실버 영화관이 문화생태계 살림이스트라 생각하여 선택하게 되었다.

— 탐방 인물/기관/사업의 영역

자연생태계( ) 사회생태계( ) 문화생태계(○)

— 탐방 내용

1. 기관/사업의 목적(인물의 지향 가치 또는 철학)

어르신들의 편안한 쉼터이자, 옛 추억을 회상하며 보고 즐길 수 있는 공간을 마련하고자 그레이스 실버 영화관을 운영하고 있다. 또한 영화관 직원을 55세 이상의 어르신들을 고용하며 노인 소외문제를 해결하고자 하고, 새로운 일을 함으로써 어르신들에게 제2의 삶을 제공하고 또 다른 자아를 찾으실 수 있도록 하는 역할을 하고 있다. 즉, 영화관 운영을 통해서 어르신들의 고독과 소외감 그리고 빈곤 해결에 가장 큰 중점을 두고 있으며 그 외에 어르신들의 활력 있는 삶을 위한 여러 가지 서비스 제공을 위해서 추가 사업을 진행하고 있다. 그리고 시니어 어르신이 서비스를 제공하고 서비스를 받으며 청년과 함께 할 수 있는 사회를 지향하고 있다.

2. 기관/사업의 연혁(인물의 활동 역사)

2014년 6월 12일 법인 설립

2014년 8월 23일 개관식 개최 및 서비스 개시

2015년 1월 대구의 노인회, 복지관을 대상으로 홍보 실시

2008년 3월 매주 금요일 그레이스 노래교실 운영 시작

2015년 5월 '예비 사회적 기업' 지정

2015년 7월 어울리제 가요제 개최

2015년 8월~10월 어울리제 영화제 개최

2016년 실버 일자리 창출 사업 선정

3. 인물/기관/사업의 주요 활동 및 프로그램

1) 종합 실버 서비스 공간 제공

어르신들의 취향을 고려하여 고전영화를 중심으로 영화를 상영하고 있다. 실버 고용창출로 전체 직원 대비 70%를 55세 이상의 어르신들을 채용하여 운영하여 노인들의 경제적 어려움을 해결하고자 노력하고 있다. 영화 관람 비용을 노인들의 경제적 상황을 고려하여 동종 업계 가격대비 50-70%를 유지하고 있다. (50세 이상 관람료는 2,000원 그리고 동반자도 2,000원의 저렴한 비용으로 영화를 볼 수 있다) 또한 다양한 문화교실로서 55세 이상의 어르신들에게 매주 금요일마다 노래교실을 제공하고 있다.

2) 추가 사업을 통한 실버복지 재투자

극장 대관, 영화 상품권 판매, 협찬 후원 사업을 통해 수익을 창출하고, 이 비용을 실버복지에 재투자하여 사회적으로 어르신들의 복지를 책임질 수 있도록 노력하고 있다. 구체적으로 문화 교실의 다양성과 질을 높이고, 영화관 내 행사에 재투자하여 어르신들의 편의를 위해 사용한다.

4. 탐방 후기(탐방을 통해 새롭게 알게 된 점과 변화된 점을 중심으로)

이번 탐방을 통해서 나는 변화되는 사회에서 어려움을 겪는 사람들의 문제들에 대해서 무관심했던 나를 발견했다. 탐방을 가기 전 나는 기성세대와의 차이를 그저 부정적이고 배타적으로 바라보았다. 그들은 새로운 문화에 적응하려고 노력하지 않고 그들만의 문화를 고집하는, 지극히 내 중심적으로 그들을 바라보았었다. 하지만 이번 탐방을 통해서 그들의 문화와 우리 세대의 문화는 형태나 접근이 조금 다를 뿐이지 본질적으로 여가생활을 보내고 문화를 즐긴다는 것은 똑같았다. 단지 시대적으로 교통·통신·디지털 기술의 발달로 급속하게 변화되는 문화를 접근하고 또 그것을 수용하는 데 있어서 시간이 걸리고 어려울 뿐이다. 이러한 면에서 그레이스 실버 영화관은 어르신들에게 고유의 문화가 유지되어 그들에게 맞추어진 시스템으로 편안하게 즐길 수 있도록 잘 운영되고 있다고 생각한다. 나는 이러한 영화관이 더욱 활성화되어 상대적으로 문화 활동의 접근성이 낮은 어르신들에게 다양하고 새로운 문화 생활이 제공될 수 있도록 국가적 차원에서의 적극적인 지원이 필요하다고 생각한다. 우리사회는 소외되고 어려움을 겪고 있는 사람들을 위해서 지속적인 관심과 그들의 어려움을 도와주는 실천을 통해서 더 나은 사회가 되도록 노력해야 한다. 현재 어르신들이 사회·문화적으로 빠르게 변화되고 있는 사회에 발맞추어 가지 못하는 것은 그들의 문제가 아니다. 우리가 '그들에게 문화 현상이 보편적이고 다양하게 제공되었는가' 또는 '현재 변화된 라이프 스타일에 대해서 그들이 불편함을 겪고 있지는 않은가'에 대해 관심을 가지는 게 먼저라고 생각이 든다.

우리복지시민연합 사회복지영화제 (SWFF)

— 탐방 인물/기관/사업의 주소(홈페이지)

대구광역시 남구 명덕로 8길 102 / www.wooriwelfare.org

— 탐방 인물/기관/사업의 선택 이유

이상적 복지사회의 구현을 위한 실천적 단체가 아닐까 생각했고, 전국 유일의 복지영화제를 주최하는 SNS 홍보에 흥미가 생김.

— 탐방 인물/기관/사업의 영역

자연생태계( ) 사회생태계( ) 문화생태계(○)

— 탐방 내용

1. 기관/사업의 목적(인물의 지향 가치 또는 철학)

복지 확대의 요구 또한 사회복지사의 책무임을 잊지 말아야 합니다. 사회복지개론을 보면 사회복지사의 역할은 매우 다양합니다. 지지자의 역할, 옹호의 역할, 대변인의 역할, 프로그램의 개발 등으로 많지만 프로그램 개발을 제외하고 한국에서의 사회복지사의 역할은 저조한 편입니다. 저희 기관은 복지 권리를 위한 실천적 단체라고 할 수가 있습니다. 시민들의 혈세가 복지에 간다는 마음으로 운영하고 있습니다. 5가지의 목적이 있는데 첫째로는 사회양극화 해소, 둘째로는 복지공공성 강화, 셋째로는 인권보장, 넷째로는 삶의 질 향상, 마지막으로는 대안복지 실현입니다. 시민들과 함께 대안복지의 모델을 만들어감으로서 보편적 복지와 복지권리 강화를 위해 지역사회와 연대합니다. 또한 회원제로 운영하며 복지가 어렵다는 편견을 깨기 위한 교육과 소통이 주 목적입니다. 또한 저의 단체의 철학은 정부지원을 받지 않고 오로지 지역단체 후원금과 회원들의 회비로만 운영됩니다. 학생이 탐방하러 온 사회복지영화제도 전국에서 유일하게 정부의 지원은 0%로 운영되는 사회복지영화제입니다.

2. 기관/사업의 연혁(인물의 활동 역사)

1887년 한국에는 절차적민주주의의 쟁취와 1887~1889년의 노동자대투쟁으로 인한 기업들의 노동자조합들이 우후죽순으로 대거 생성된 시대가 있었습니다. 그 후 1997년 대구에는 2개의 큰 은행인 대구은행과 대동은행 중 대동은행이 IMF로 인해 폐업하게 되었고 약 200만 명 정도의 노숙자가 길거리로 내몰리게 되었습니다. 이때 실직 노숙자의 개념이 등장하고 생존권 차원에서의 권리를 요구하는 사회복지 운동이 전면화 되었습니다. 이 시기에는 사회복지안전망이 갖추어지지 않았고 복지시스템 또한 미약했기 때문입니다. 이에 기초수급자증가와 생존권차원에서의 빈곤문제를 진보적인 운동으로 풀어보자는 취지로 1998년 11월 21일에 설립된 단체가 바로 '우리복지시민연합'입니다. 시민의 보편적 권리로 쟁취해야 하는 사회복지에 대한 필요성을 일깨워주는 단체입니다. 단체 이름의 변천사도 있습니다. 그 전신을 이어받은 유래입니다. 〈초창기〉사회복지시설연구회(1991)→ 〈과도기〉우리사회복지연구회(1994)→ 〈전환기, 도약기〉우리복지시민연합(1998) 순으로 전신이 되었습니다.

3. 인물/기관/사업의 주요 활동 및 프로그램

우리복지시민연합의 시민참여사업의 일환인 대구사회복지영화제는 복지가 단지 어려운 이들에게 베푸는 것이 아닌 모든 시민의 정당하고 보편적인 권리임을 사회적으로 소통하고자 2010년부터 올해로 10회째 지속해오고 있는 프로그램입니다. 상영작의 주제는 빈곤, 주거, 의료, 교육, 가족문제 등 복지와 관련된 다양한 이슈를 영화라는 대중적인 매체를 통해 담아내어 삶의 문제에 대해 교육하고 소통을 나누는 영화제입니다. GB라는 코너에서는 영화제를 만든 감독들과 직접 소통을 할 수 있는 기회도 있다는 점이 특징이며 대구 MBC와 협력하고 약 33개의 조직위원회가 주최로 후원을 합니다. 이번 10회 영화제에서는 총 29편의 독립 다큐와 단편극영화, 배리어 프리를 40회에 걸쳐 상영합니다. 폐막작 〈졸업〉을 간단히 소개하면 공공성을 견지해야 할 학교와 복지시설이 사유화될 때 생기는 폐단을 생생히 보여주는 영화입니다. 이는 복지에 예술성과 대중성을 더하여 보편적 복지담론 확산과 대안복지모델을 만들어가는 것에 기여하고자 하는 목표를 성취하기 위한 발판입니다.

대구사회복지영화제 이외에도 복지, 건강, 교육권 등 사회권확대를 위한 시민들의 요구를 대변하기도 합니다. 가장 알려진 예로는 대구 지하철에 있는 스크린도어를 전역에 설치 요구하여 2017년에 설치가 완료되었다는 점과 복지측면에서 사회복지사의 처우개선 정책토론회(2014), 교육적측면의 작은 학교 살리기(2016) 등이 있습니다. 또한 예산행정을 모니터하여 올바른 예산활용이 되고 있는지 감독하는 역할도 합니다.

4. 탐방 후기(탐방을 통해 새롭게 알게 된 점과 변화된 점을 중심으로)

은재식 사무처장님과 우리복지시민연합에 대한 탐방을 하고 대화를 나눠보면서 현재 대한민국 사회복지의 현안에 대한 깊은 고민을 해보게 되었습니다. 사무처장님께서는 1997년의 IMF와 현재 비정규직증가 문제, 불평등 심화문제, 양극화가 심하게 벌어지고 있는 현 사회가 매우 유사성을 띄고 있다고 하셨습니다. 또 다른 측면의 1997년 체재와 연결성은 분명 있다고 하셨는데 저 역시 역사를 응집된 전체로 본다면 역사는 톱니바퀴 같고 사회문제 역시 비슷하게 반복된다고 생각했습니다. 제4차 산업혁명시대가 도래하면서 우리는 또 다시 찾아온 위기를 기회로 잘 극복해야 할 방안을 찾아야 한다고 생각했습니다. 제가 생각해본 해결방안은 제4차 산업혁명에 따른 빅 데이터 분석 활용과 같은 장점들을 활용하면서 기계로는 완벽을 기할 수 없는 인간의 생명감수성에 대한 인큐베이팅 교육이 중심적인 해결방안이라고 생각했습니다.

대구사회복지영화제는 전국에서는 최초로 시민사회와 사회복지기관, 단체 및 노동조합이 함께 내는 분담금과 시민후원으로 개최하는 영화제라는 점에서 의의가 매우 크다고 생각했습니다.

애니먼 협동조합 유기견 입양 카페 '사지마개 입양하개'

— 탐방 인물/기관/사업의 주소(홈페이지)

대구광역시 달서구 계대동문로 23, 2층 사지마개 입양하개

https://사지마개입양하개.kr

— 탐방 인물/기관/사업의 선택 이유

SNS에서 우연히 유기견 입양 계정을 발견하게 되었고, 유기견은 보호소에서 일정 기간이 지나면 안락사된다는 사실을 알게 되었습니다. 반려견을 키우는 상황에서 이런 시스템이 마음 아팠고, 나는 무엇을 실천할 수 있나 고민하던 중 유기동물 봉사단체 '애니먼 협동조합'을 알게 되었습니다. 자세히 이야기를 나눠보면 좋을 것 같아 선정하게 되었습니다.

— 탐방 인물/기관/사업의 영역

자연생태계(○) 사회생태계( ) 문화생태계( )

— 탐방 내용

1. 기관/사업의 목적(인물의 지향 가치 또는 철학)

유기견 입양 카페 '사지마개 입양하개'는 유기동물 봉사단체 '애니먼 협동조합'의 활동 중 하나이다. 현재 한국은 유기 동물이 발생할 수밖에 없는 구조이며, 사장님은 자신이 할 수 있는 나름대로 문제를 해결해 보고자 유기견 입양 카페를 열게 되었다. 기존의 시스템은 유기견이 보호소에 오면 삼십 일 정도 있다 안락사 당하게 되어 있다. 카페는 안락사가 아닌 새로운 가족을 찾아줌으로써 이런 문제를 해결하고, 더 나아가 유기견이 발생되는 원인인 강아지 공장과 유통 과정의 문제, 그리고 버려진 강아지의 아픔을 함께 해결하고자 한다.

2. 기관/사업의 연혁(인물의 활동 역사)

애니먼은 애니멀과 휴먼의 합성어로, 2015년 유기동물 봉사단체로 출범했다. 애니먼 협동조합 활동 중 하나로 2018년에 유기견 입양 카페

사지마개 입양하개가 문을 열었다.

3. 인물/기관/사업의 주요 활동 및 프로그램

사지마개 입양하개에서는 반려동물 상담, 강아지 유치원, 강아지 호텔, 기본 행동 교정, 수제 간식 클래스, 동물 매개 치유 등의 활동이 이뤄진다. 사업 특성상 수익보다는 지출이 많은 곳이기 때문에, 사장님은 카페 운영이 본업이 아니다. 학교 강의도 나가고, 외부 프로젝트 연구원으로 활동하며 카페 운영과 동물 구조에 필요한 자금을 충당한다.

또한 유기견을 구조하고, 입양 보내기도 한다. 입양하는 사람의 조건은 협동조합 임원들이 회의를 통해 정한다. 크게는 세 가지가 있다. 혼자 사는 사람, 자녀 계획을 가진 사람, 집을 오래 비우는 사람은 반려견을 입양할 수 없다. 또, 이런 수치만으로 확인할 수 없는 부분도 있어서, 상담을 통해 결정하기도 한다. 이야기를 나누다보면 이 사람이 개를 키울 수 있을지 없을지에 대한 느낌이 온다고 한다.

입양 간 개가 잘지내고 있는지 확인하는 것도 사지마개 입양하개의 일이다. 입양한 사람은 한 달에 한 번 정기적으로 카페에 들러 개를 잘 데리고 있는지 확인해야 한다. 삼 개월 정도가 지나면 인터넷으로 상황을 공유하기도 한다. 유기견 안락사를 줄이는 것이 최종적 목표지만, 그 안에는 정말 개를 잘 키울 수 있는 주인을 찾아주는 것이 이들의 목표이기 때문이다.

4. 탐방 후기(탐방을 통해 새롭게 알게 된 점과 변화된 점을 중심으로)

안락사 공고일이 다가와 급하게 입양처를 찾는 강아지들을 볼 때마다 마음이 다급했다. 내가 저 개를 입양한다면, 적어도 한마리의 개를 행복하게 해줄 수 있는 거 아닐까 생각했다. 그러나 나는 개를 입양하기에 적당한 조건이 되지 않는다는 것을 알게 되었다. 나는 혼자 살고, 집을 오래 비우기 때문이다. 생명을 위하는 마음은 좋지만, 무작정 순간의 감정을 이기지 못하고 내린 선부른 판단이 오히려 개를 불행하게 만들고, 더 나아가 유기할 수 있겠다는 생각이 들었다. 이 카페에 오는 개들 중 피치 못할 사정으로 계단 앞에 버려진 개들이 많다고 한다. 그들도 처음엔 개를 행복하게 해주려 했을 것이다. 그러나 때로는 상황이 사람을 나쁘게 만들기도 한다. 그러므로 우리는 신중해야 한다. 감정의 문제가 아니라 보다 이성적으로 입양을 결정해야 한다. 그럴 때 비로소 무분별한 강아지 공장과 애견샵이 점점 줄어들 것이란 생각이 들었다.

부록 2

살림이스트 되기 프로젝트

살림이스트 되기 프로젝트는 생명감수성 인큐베이팅 수업을 수강한 학생들이 살림이스트가 갖춰야 할 키워드라고 생각하는 것을 하나 찾고 실천에 옮긴 후 그 키워드에 대한 새로운 정의를 도출하는 것이다. 부록으로 수록 된 사례는 생명감수성 인큐베이팅 수업을 수강했던 학생들의 보고서이다.

살림이스트 되기 프로젝트

1. 살림이스트가 갖춰야 할 키워드라고 생각하는 것을 실천에 옮긴 과정부터 결과까지의 스토리를 적고 인증샷을 첨부 해 주세요

제가 선택한 키워드는 '생명'입니다. 지금 참여한 이 모금은 일상 속 많이 이용하는 SNS를 통해 알게 되어, 참여하게 되었습니다. 박옥래 할머니께서는 칠순을 넘긴 연세에도 불구하고 국가 수급비와 노점장사로 생활하시면서, 후지마비 있는 고양이, 뇌질환 있는 강아지 등등 100마리 넘는 유기견과 유기묘들을 돌보고 계십니다. 하지만 이렇게 고생하시는 할머니를 위해 열었던 기부캠페인은 할머니를 이용해 부당이익을 챙겼을 뿐만 아니라, 일부 사람들은 할머니 집에 몰래 반려동물을 버리고 가는

등 몰상식한 행동도 보였습니다. 그로 인해 할머니께서 직접 도움을 요청하시는 글을 올리셨습니다. 이렇듯 생명을 이용해, 생명의 가치를 가볍게 여기고 훼손시켜버리는 모습에 그냥 지나쳐버릴 수가 없었습니다. 평소에 할머니께서 올리신 영상이나 글들을 보면서, 그 누구보다 유기견과 유기묘들을 대하시는 태도가 굉장히 애틋하셨고 사랑으로 돌봐주시는 모습이 참 인상적이었습니다. 또한 홀로 그 많은 생명을 살리기 위한 열정적인 모습이 제 자신이 너무나 초라해질 만큼 부끄러웠고, 할머니의 삶이 너무나 대단하고 존경스러웠습니다. 개인적으로 너무 적은 돈이지만, 할머니께 조금이라도 도움이 되었으면 싶은 마음에 직접 송금해드리게 되었습니다. 무엇보다 실제 부당한 대우를 받는 모습을 보니, 그러한 할머니의 노력이 무자비하게 짓밟히는 것 같아서 너무나 안타깝고 슬펐습니다. 후원이라는 것이 생각한 만큼 쉽지 않은 실천이지만, 한번 해보니 크게 어려운 일은 아니었습니다. 사실 대중매체를 통해 많이 볼 수 있는 이러한 후원은 '나 말고 누군가는 도움을 주겠지'라는 짧은 생각 하나로 지나쳤는데, 나 또한 생명을 쉽게 여기는 사람이 되어버렸다는 것을 깨달았습니다. 그러한 사람은 살림이스트라고 부를 자격을 갖출 수 없다고 생각했습니다. 단순히 후원을 한다고 해서 생명을 살려냈다는 것이 아닌, 생명에 좀 더 관심을 가지고 지켜보면서 생명의 가치를 존중해야겠다는 것을 이번 기회를 통해 많이 느끼게 되었습니다. 특히 대중문화를 통해서 많이 접할 수 있는 만큼 올바른 가치관과 사고방식으로 생명을 살리는 살림이스트의 역할을 다해야겠다고 다짐했습니다.

2. 선택한 키워드에 대한 자신만의 새로운 정의를 내려 주세요.

생명은 존중되어야 합니다. 우리도 한 생명으로써 가치를 지니고 있는 만큼 그 가치가 훼손되지 않도록 관심을 주고 지켜주어야 할 것입니다.

살림이스트 되기 프로젝트

1. 살림이스트가 갖춰야 할 키워드라고 생각하는 것을 실천에 옮긴 과정부터 결과까지의 스토리를 적고 인증샷을 첨부 해 주세요.

제가 선택한 키워드는 '생명존중'입니다. 생명감수성 인큐베이팅 시간에 다루었던 장기기증 서약서를 의대동아리 학생들이 구바우어관 앞에서 캠페인을 하고 있다는 소식을 접하게 되었습니다. 죽고 나면 한 줌의 재가 될텐데 죽은 후에 나의 장기나 인체조직이 정말로 필요한 사람들에게 기증이 되어 그들에게 삶의 희망을 나누어 주고 싶다는 생각이 들었습니다. 또한 죽은 후에도 나의 장기나 인체조직으로 다른 사람들의 생명을 구할 수 있다는 것이 의미 있다는 생각이 들었습니다. 그래서

5월 30일 캠페인이 열리는 구바우어관에 가서 장기 등 및 조직 기증희망자 등록 신청서를 작성하고 왔습니다. 우리나라의 경우에는 장기기증 후 기증자의 시신을 유가족이 직접 데리고 가 장례를 치루도록 했다는 뉴스보도를 통해 기증자의 예우처리가 좋지 못하다는 인식이 형성되게 되었습니다. 이로 인해 예비 장기기증자 1000명이 떨어져 나가는 문제가 발생했다고 합니다. 이를 듣고 한국장기조직기증원에서는 이와 같은 문제점을 인식하고 보완하여야 할 필요가 있다고 생각했습니다. 그리고 이러한 이유들을 포함하여 여러 사유들로 인해 장기기증 신청을 망설이는 사람들이 많은 것이 현실이기 때문에 기증을 기다리다가 돌아가시는 환우들이 많다는 사실을 듣고 마음이 아팠습니다. 그래서 한국장기조직기증원은 빠른 시일 내에 기증자에 대한 예우처리와 관련된 문제들에 대해 해결하고 기증절차에 대해 현재보다 더 상세히 설명하고 홍보하는데 힘써야 할 필요가 있다고 생각합니다. 그러다 보면 기증자가 늘어날 것이고 기증을 기다리다가 사망하게 되는 수많은 소중한 목숨들을 살려내는 데 큰 도움이 될 것입니다. 나아가 저부터 가족과 주변 친구들에게 장기 및 인체조직기증에 대해 설명하고 나 자신 한명으로 얼마나 많은 생명들을 살릴 수 있는지에 대해 이야기하여 참여를 권유할 생각입니다. 생명감수성 인큐베이팅을 통해 생명이란 정말 고귀하며 소중한 것이며 사람이든 동물이든 그 무엇이든지 간에 살아 있는 모든 것들은 그 자체만으로 소중하며 존중받아야 하는 존재라는 것을 다시금 깨닫게 되었습니다.

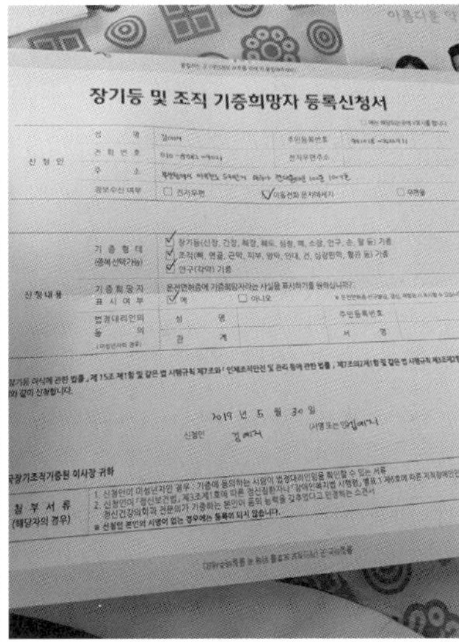

2. 선택한 키워드에 대한 자신만의 새로운 정의를 내려 주세요.

생명존중이란 거창한 것이 아니라 일상 속 작은 행동들을 통해 실천할 수 있다.

살림이스트 되기 프로젝트

1. 살림이스트가 갖춰야 할 키워드라고 생각하는 것을 실천에 옮긴 과정부터 결과까지의 스토리를 적고 인증샷을 첨부 해 주세요.

저는 살림이스트가 갖춰야 할 키워드 중 '사랑'을 선택하였습니다. 예전에 인터넷에서 어떤 포스터를 보고 '마르코로호'라는 사이트를 알게 되었습니다. 좋은 취지를 가진 사이트란 것을 알고 있었지만 적극적 행동을 취하진 않았습니다. 이번엔 꼭 사자고 마음을 먹고 다시 사이트에 들어가 취지를 살펴보니 그 취지가 사랑과 관련되어있어 이 키워드를 선택했습니다.

'마르코로호'란 도전정신이란 뜻으로 윤리적 소비를 장려하고 할머님께 행복한 노후를 선물하는 브랜드입니다. 할머님들이 직접 수작업으로 반지와 팔찌 등을 만들고 수익 중 일부가 기부됩니다. 할머님은 일자리를 통해 사회활동으로 삶의 만족도가 높아지고 제품을 구매하는 사람들은 할머니께 일자리를 드리는 동시에 사회의 취약한 부분에 선택적 기부를 할 수 있습니다. 또한 홈페이지에서 기부금이 얼마였으며 어디에 사용되었는지 볼 수 있습니다.

저의 작은 구매로 할머님께 일자리를 만들어드릴 수 있다는 것과 구매를 할 때 구매자가 후원하고 싶은 곳을 선택할 수 있다는 점이 가장 인상 깊었습니다. 저는 팔찌를 구입하였으며 독거노인생활지원으로 기부를 하였습니다. 배송을 받으면 팔찌를 만들어주신 할머님의 성함과 '예쁘게 하세요'라는 말이 쓰여 있습니다. 할머니께서 직접 쓰신 글씨를 보니 마음이 따뜻해지는 기분이었습니다. 힘들이지 않고 작은 구매를 하였을 뿐인데 좋은 제품과 따뜻한 마음을 얻게 되었고 할머님께 일자리도 드리고 기부도 하게 되었습니다.

저뿐만이 아닌 많은 사람들이 윤리적 소비를 장려하는 이 사이트를 많이 알게되어 사회가 사랑과 따뜻함으로 가득했으면 좋겠습니다.

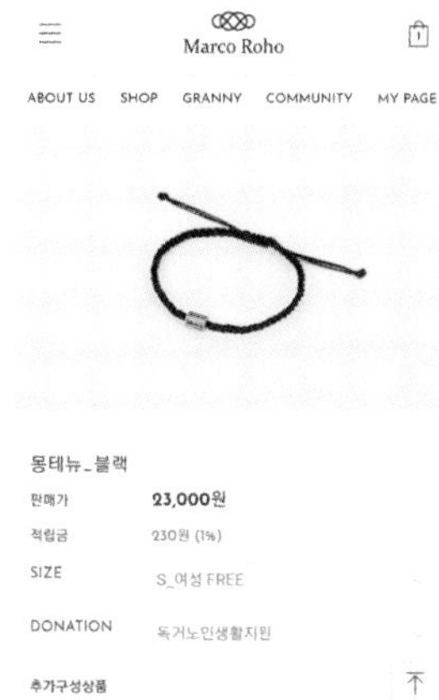

2. 선택한 키워드에 대한 자신만의 새로운 정의를 내려 주세요.

사랑이란 힘들이지 않고 약간의 관심과 온도만으로도 내 마음을 전할 수 있는 것이다.

살림이스트 되기 프로젝트

1. 살림이스트가 갖춰야 할 키워드라고 생각하는 것을 실천에 옮긴 과정부터 결과까지의 스토리를 적고 인증샷을 첨부 해 주세요.

최근 쓸데없는 소비가 늘어 걱정하고 있던 차에 살림이스트 되기 프로젝트를 만나게 되었다. 무의미하고 과도한 지출을 줄여 살림이스트가 되는 데 돈을 쓰면 어떨까 생각하게 되었고, 필요한 물건을 사되 기부까지 되는 소비를 하고자 마음을 먹게 되었다. 키워드를 '희망'으로 정하여, 희망이 필요한 곳에 조금이라도 도움이 될 수 있는 소비를 해보기로 했다.

제품 판매 수익을 후원에 사용하는 기업이 많았는데, 나는 그중에서 '마리몬드'와 '승일희망재단'을 이용해보기로 했다. 먼저, 마리몬드에서는 머리끈을 구매하였다. 갖고 있던 머리끈이 다 헐어서 새로운 머리끈을 구매하려던 중 발견했다. 마리몬드는 상품의 수익 일부를 위안부 할머니들과 다른 분야의 인권 보장 활동을 위해 사용한다. 불필요한 물건을 사는 것보다 자신에게 필요한 물건을 구매하여 낭비를 줄이는 것 또한 살림이스트가 할 일 중 하나라고 생각하는데, 마리몬드에서는 실제로 필요할 만한 물건들을 좋은 질에 판매하고 있어서 더욱더 마음에 들었다.

다음으로 승일희망재단에서는 위드아이스 기부 팔찌를 구매했다. 이제 곧 여름이다 보니 옷소매는 짧아지는데 손목이 휑하여 팔찌를 구매하려던 중 발견했다. 승일희망재단은 루게릭 요양병원 건립을 목표로 사업을 추진하고 있는 재단이다. 몇 년 전 여러 연예인들이 각종 SNS에서 아이스버킷 챌린지를 릴레이로 하는 것을 볼 수 있었는데, 팔찌 구매를 통해서도 루게릭 요양병원 건립을 위한 캠페인에 동참할 수 있다. 수익금 전액이 기부된다고 하여 더 마음이 갔다. 디자인도 너무 예뻐서 이번 여름 내내 하고 다닐 예

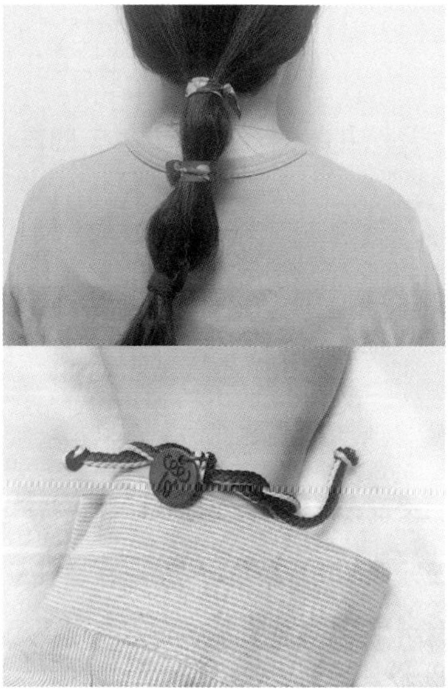

정이다.

2. 선택한 키워드에 대한 자신만의 새로운 정의를 내려 주세요.

마리몬드의 경우 누적 기부금이 22억이 넘는 것을 보고 놀랐다. 내가 상품을 사는 데 쓴 금액은 얼마 되지 않았지만, 그 돈들이 모여 큰 금액이 되고 더욱더 많은 곳에 기부가 될 수 있다고 하니 굉장히 뿌듯했다. 이러한 경험의 결과로, 희망이란 '사소한 것이 만들어내는 큰 기적'이라고 생각한다.

부록3

그림으로 표현하는 생명

그림으로 표현하는 생명은 수업에 참여한 학생들이 수업 시간에 실시하는 첫 번째 팀 활동으로 주제어 '생명'을 그림으로 표현하는 것이다. 생명에 대한 단상을 실시하기 전에 활동한 경우도 있고, 실시한 다음 주에 시작한 활동도 있다. 어느 경우든 생명에 대한 학생들의 진지한 고민과 느낌들을 발표한다. 부록으로 수록 된 사례는 생명감수성 인큐베이팅 수업을 수강했던 학생들의 보고서이다.

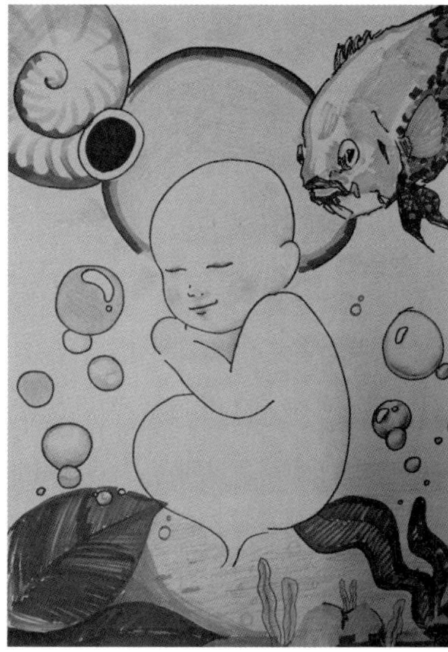

HI!

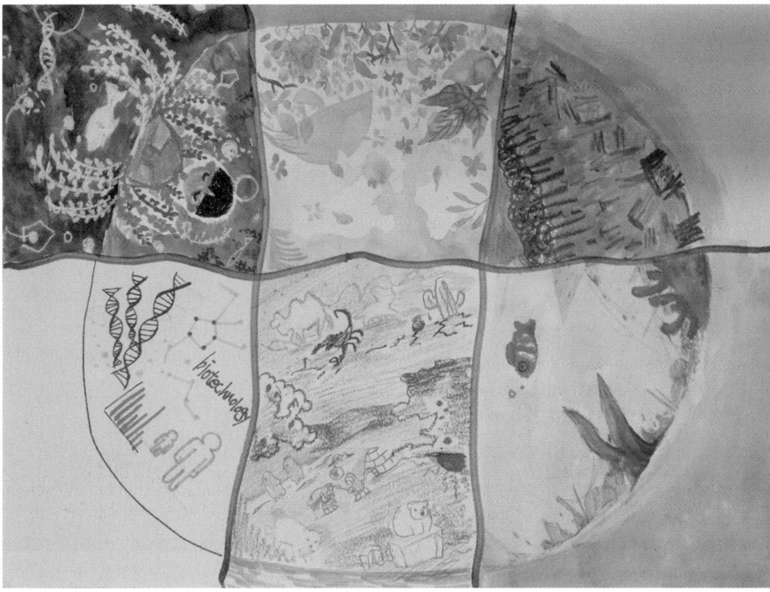
biotechnology

참고문헌

강남순. **코즈모폴리터니즘과 종교**. 서울: 새물결플러스, 2015.

강선경 외. "인터넷 중독 청소년들이 경험한 가상공간의 의미와 본질에 대한 연구." **청소년 복지연구** 18, no. 2 (2016): 41–64.

강희양. "청소년의 인터넷 중독과 게임중독에 대한 사회적 자기조절 모형 탐색 및 자존감 향상 인지행동치료의 효과." 전북대학교 대학원 석사학위논문, 2008.

권오식, 유민 편저. **생명의 기원**. 대구: 계명대학교 출판부, 2011.

김광태. "피어 싱어(Peter Singer)의 생명 윤리 소고–'선호'(Preference)와 '인격체'(Person) 개념을 중심으로–." **생명윤리** 11, no. 2 (2010): 39–58.

김기윤. "지구온난화 논쟁 – 세계화 속의 과학, 국민국가 그리고 시민사회." **코기토** 68 (2010): 311–340.

김남수. "보생명과 움벨트 개념 탐색–환경 교육의 관점에서–." **환경철학** 16 (2013): 1–34.

김병연. "평화교육 교수학습체계에 관한 연구." **윤리철학교육** 15 (2011): 55–78.

김영희. "사이버불링 가, 피해 경험과 중학생의 사회성 및 학교생활적응과의 관계: 공감과 자기 통제력의 매개효과." 서강대학교 교육대학원 석사학위논문, 2016.

김옥랑, 백선기. **문화예술 공간과 문화연구: 동숭아트센터의 역사, 문화, 수용**. 경기: 한울 아카데미, 2004.

김은식. "자연보호를 위한 기본적 인식: 20세기 자연생태계관리의 문제 제기." **자생식물** 50 (2000): 7-14.

김은철, 송성수. "과학기술시대의 책임윤리를 찾아서: 한스 요나스의 『책임의 원칙』을 중심으로." **공학교육연구** 15, no. 1 (2012): 72-78.

김일방. "데카르트(Rene Descartes)의 자연관: 그 형성배경과 공과 그리고 그 대안." **환경철학** 23 (2017): 101-133.

김정희. "사회적 고통과 생명감수성." **여성신문**. 1090호, 2010년 7월 9일.

김종식, 최준호. "우리나라 대기오염물질 배출원 분석에 관한 연구." **환경과학논집** 3 (1998): 95-106.

김준형, 엄정섭. "실시간교통정보 이용에 따른 가솔린차량의 온실가스 저감효과 평가." **한국대기환경학회지** 27, no. 4 (2011): 443-453.

김중순. **문화를 알면 경영전략이 선다**. 서울: 일조각, 2001.

김춘이, 이인경, 김재현. "생명감수성 인큐베이팅." **2013 학부교육선진화선도대학 교양교과목 개발 지원 사업 결과보고서**, 2013.

노진철. "환경문제의 역사: 산업공해, 환경훼손 그리고 환경위험." **한국사회학회 심포지움 논문집** (2008): 47-68.

노희정. "학교폭력 예방을 위한 도덕교육." **초등도덕교육** 42 (2013): 53-72.

맹용길. "기독교 신앙과 대중문화." 임성빈 편. **현대문화의 한계를 넘어서**. 서울: 예영커뮤니케이션, 1997.

바오, 이재은. "중국의 대기오염 실태 분석과 개선 방안." **Crisisonomy** 14, no. 2 (2018): 71-82.

박수정, 채희선. "생리대 없이 생리를 견디는 여성 노숙인들." http://news.sbs.co.kr/news/endPage.do?news_id=N1004668747 〈2019년 5월 12일 검색〉.

박승기. “[뉴스AS] 미세먼지 모른 채 온난화만 따졌다... 사기극 된 클린 디젤.”, http://www.seoul.co.kr/news/newsView.php?id=20181119016002&wlog_tag3=naver 〈2019년 2월 1일 검색〉

박승민 외. **청소년 인터넷 중독의 이해**. 서울: 학지사, 2015.

박은진. “현대과학의 생명관과 자연관.” **유교사상문화연구** 10 (1998): 3–24.

박종철. **교실 평화 프로젝트**. 서울: 양철북, 2013.

배국원. “피터 싱어의 생명윤리 사상.” **과학사상** 38 (2001): 104–122.

배정환, 김유선. “우리나라 대기오염배출 원인과 저감 정책 효과 분석.” **자원 · 환경경제연구** 25, no. 4 (2016): 545–564.

백종현. **철학의 주요개념–철학 텍스트들의 내용 분석에 의거한 디지털 지식 자원 구축을 위한 기초적 연구–**. 서울: 서울대학교철학사상연구소, 2004.

선혜란. “평화감수성을 기르는 전쟁사 수업.” 한국교원대학교 대학원 석사학위논문, 2009.

송인주. “초점: 자연생태계와 인공생태계.” **도시문제** 34, no. 368 (1999): 126–133.

송정은. “축산업의 환경적 영향과 한국 환경법의 대응–밀집형 가축 사육시설을 중심으로–.” **환경법연구** 31, no. 1 (2017): 43–71.

신성만 외. **인터넷 중독 평가와 치료를 위한 지침서**. 서울: 시그마 프레스, 2013.

신연주. “초등 저학년 인터넷 중독 예방을 위한 자기조절능력 향상 집단 프로그램 개발.” 한남대학교 대학원 석사학위논문, 2009.

안미영. “청소년의 컴퓨터경험과 자기 개념 및 자기 통제력과의 관계.” 카톨릭대학교 대학원 석사학위논문, 2002.

안영인. **시그널, 기후의 경고**. 서울: 엔자임헬스(주), 2017.

양명수. “폭력적 문명과 생명 경시.” **기독교사상** 519 (2002): 70–82.

여가부. 한국양성평등교육진흥원. “가정폭력 예방교육 표준강의안 2.0 강사지침서유자녀가정 대상." 2016.

연세대학교 언어정보개발연구원 편. **연세 한국어 사전**. 서울: 두산동아, 1998.

유시민. **국가란 무엇인가**. 파주: 돌베개, 2017.

윤응진. "생태계 위기극복을 위한 기독교교육의 과제." **기독교교육논총** 36 (2013): 1–33.

이기상. "생명의 진리와 생명학: 지구 생명시대의 생명문화 공동체." **해석학 연구** 22 (2008): 267–303.

이동석. "장애인 인권 현황 및 정책과제." **보건복지포럼** 247 (2017): 24–38.

이동희. "장애에 대한 이분법적 시선과 담론의 극복." **정신문화연구** 37, no. 4 (2014): 163–190.

이문웅. "폭력의 사회문화적 배경에 관한 탐색적 고찰." **형사정책연구** 7 (1991): 205–226.

이상흔. "기온이 1도씩 오를 때마다 세상은 어떻게 변할까?: 지구 기온이 지금보다 3도만 올라도 아마존 우림지대는 사막이 된다." 참조. https://pub.chosun.com/client/news/viw.asp?cate=C01&nNewsNumb=20150918235&nidx=18236 〈2019년 5월 25일 검색〉

이재원 외 지음. **소셜 픽션: 지금 세계는 무엇을 상상하고 있는가**. 서울: 어크로스, 2014.

이재현. **인터넷과 사이버사회**. 서울: 커뮤니케이션북스, 2000.

이정전. "지구온난화 문제의 이해." **지식의 지평** 6 (2009): 7–30.

이준복. "자연생태계 보호를 위한 법적 연구–멸종위기 야생 동 · 식물 보호를 중심으로–." **환경정책연구** 7, no. 4 (2008): 75–103.

이흥재. **문화예술정책론**. 서울: 박영사, 2005.

장영기, 송동웅. "국내 대기오염모델링의 현황과 과제." **한국대기보전학회지** 11, no. 1 (1995): 1–14.

장인선. "[카드뉴스] 작지만 치명적인 미세먼지... '심장 · 뇌'건강도 노린다."

http://www.k-health.com/news/articleView.html?idxno=42210 〈2019년 1월 31일 검색〉
장회익. "생명의 단위에 대한 존재론적 고찰." **철학연구** 23 (1988): 89-105.
장회익. **삶과 온생명: 새 과학 문화의 모색**. 서울: 솔, 1998.
장회익. **생명을 어떻게 이해할까?**. 파주: 도서출판 한울, 2014.
전정윤. "법 말고 사람을 보라." http://h21.hani.co.kr/arti/cover/cover_general/46950.html 〈2019년 4월 30일 검색〉
정인석. **인간중심 자연관의 극복-공생의 자기실현을 위하여-**. 서울: 나노미디어, 2005.
정철현. **문화연구와 문화정책**. 서울: 서울경제경영, 2005.
정호선, 박경. "인터넷 중독 초등학생의 특성에 관한 선행연구 고찰." **심리치료: 다학제적접근** 9, no. 1 (2009): 27-46.
조정희. "인터넷 중독 성향 초등학생에 대한 집단표현 예술치료의 효과." 명지대학교 대학원 석사학위논문, 2013.
조주현. "생명정치, 벌거벗은 생명, 페미니스트 윤리." **한국여성학** 24, no. 4 (2008): 35-64.
조희정. "청소년 사이버불링의 현황과 대책, 이슈와 논점." **국회입법조사**, 2012.
종합유선방송위원회. **TV폭력의 양태와 제도적 규제방안 연구**, 1995.
주혜윤. "인터넷 중독 청소년의 자기 효능감 향상을 위한 즉흥연주 사례연구." 이화여자대학교 교육대학원 석사학위논문, 2009.
진교훈. "생명이란 무엇인가?." **생명윤리** 2, no. 2 (2001): 2-12.
진상범, 김형민. "디지털 영상매체와 게임 콘텐츠를 활용한 상호문화교육 교수학습 프로그램 개발의 필요성에 대한 이론적 검토." **한국컴퓨터게임학회논문지** 27, no. 1 (2014): 9-17.
최봉도. "구약의 다문화 감수성: 내 인생에 나 그리고 함께." 기독교의 이해 교재편찬위원회 편. **기독교와 대화하기**. 대구: 계명대학교출판부, 2018.

최인섭 외. "한국사회의 폭력에 대한 연구: 진단과 처방." **형사정책연구원 연구총서** (2003): 31–828.

한국정보화진흥원. **학교폭력 2.0. 사이버불링 실태와 해법 세미나 자료집**. 2013.

허라금. "여성주의 관점에서 본 생명." **생명윤리** 2, no. 2 (2001): 47–57.

현경. **미래에서 온 편지: 지구 살림 민병대 여성 전사들에게 보내는 여신의 십계명.** 서울: 열림원, 2001.

황유정. **세계의 환경: 극복해야 할 인류의 과제**. 파주: 한국학술정보(주) 이담 Books, 2013.

Agamben, G. **호모 사케르: 주권 권력과 벌거벗은 생명**. 박진우 역. 서울: 새물결, 2008.

Allan, D. J. **아리스토텔레스 철학의 이해**. 장영란 역. 서울: 고려원, 1993.

Baldwin, Elaine 외 4명. **문화 코드, 어떻게 읽을 것인가?**. 조애리 외 7명 옮김. 경기: 한울아카데미, 2011.

Bennett, M. J. "Towards ethnorelativism : A developmental model of intercultural sensitivity." In R. M. Paige (Ed.), *Education for the intercultural experience* (1993): 21 – 71. Yarmouth, ME : Intercultural Press.

Bhawuk, D. P. S. & R. Brislin. "The measurement of intercultural sensitivity using the concepts of individualism and collectivism." *International Journal of Intercultural Relations* 17 (1992): 413–436.

Capra, Fritjof. **생명의 그물**. 김용정, 김동광 역. 경기: 범양사출판부, 2004.

Chen, G. M. & W. J. Starosta. "The development and validation of the intercultural sensitivity scale." *Human communication* 3 (2000): 1–15.

Comte-Sponville, A. 외. **아무도 정확히 모르는 것에 관하여: 철학 · 종교 · 역**

사, 행복을 말하다. 이소영 역. 서울: 생각연구소, 2012.

Copleston, F. C. **그리스 로마 철학사**. 김보현 역. 서울: 철학과현실사, 1998.

Dawkins, R. **이기적 유전자**. 홍영남 외 역. 서울: 을유문화사, 2010.

DesCartes, R. **성찰, 자연의 빛에 의한 진리탐구 프로그램에 대한 주석**. 이현복 역. 서울: 문예출판사, 2006.

Fletcher, M. S. **신약성경의 심리학**. 김재현, 구병철, 서윤이 역. 대구: 계명대학교 출판부, 2018.

Frankl, V. E. **죽음의 수용소에서**. 이시형 역. 파주: 청아출판사, 2005.

Gerbner, G. et al. "Aging with television: Images on television drama and conceptions of social reality." *Journal of Communication* 30, no. 1(1980): 37–47.

Heidegger, M. **형이상학 입문**. 박휘근 역. 서울: 문예출판사, 1993.

Houghton, J. **지구온난화의 이해**. 정지영, 최성호 역. 서울: 에코리브르, 2018.

Jonas, Hans. **책임의 원칙: 기술 시대의 생태학적 윤리**. 이진우 역. 서울: 서광사, 2005.

Kolber, E. **여섯 번째 대멸종**. 이혜리 역. 서울: 처음북스, 2014.

Lovelock, J. **가이아: 살아있는 생명체로서의 지구**. 홍욱희 역. 서울: 갈라파고스, 2004.

Lynas, M. **6도의 멸종: 기온이 1도씩 오를 때마다 세상은 어떻게 변할까?**. 이한중 역. 서울: 세종서적, 2014.

Margulis, L. and D. Sagan. **생명이란 무엇인가?**. 황현숙 역. 서울: 지호, 1999.

Maslin, Mark. **기후변화의 정치경제학: 지구온난화를 둘러싼 진실들**. 조홍섭 역. 서울: 한겨레출판사, 2010.

Schrödinger, E. **생명이란 무엇인가?: 물리학자의 관점에서 본 생명현상**. 서인석, 황상익 역. 서울: 한울, 2011.

Singer, P. **동물해방**. 김성한 역. 서울: 인간사랑, 1999.

Singer, Peter. **동물해방**. 김성한 역. 경기: 연암서가, 2016.

Story, J. **문화연구와 문화이론**. 박 모 역. 서울: 현실문화연구, 1999.

Tyler, E. *Primitive Culture*. London: John Murray, 1871.

Ward, J. M. *The relationship of preservice teachers' cross-cultural experiences with their beliefs about teaching diverse students*. Unpublished doctoral dissertation. Manhattan : Kansas State University, 1996.

West, L. C. *Evaluation the Intercultural Sensitivity Scale With Counselors in International Schools*. Virginia : Regent University, 2009.

WHO 유럽지사. **위기의 지구: 폭염**. 최병철, 김규랑, 김지영 옮김. 서울: 푸른길, 2007.

Willard, N. *Cyberbullying and cyber threats: Responding to the challenge of online social aggression, threats, and distress*. Champaign, IL: Research Press, 2006.

Yanai, I. and M. Lercher. **유전자 사회: 인간 사회보다 합리적인 유전자들의 세상**. 이유 역. 서울: 을유문화사, 2016.

Young, Iris M. *Justice and the Politics of Difference*. Princeton: Princeton University Press, 1990.

https://www.sciencetimes.co.kr/?news 〈2019년 6월 2일 검색〉

http://www.gnnews.co.kr/news/articleView.html?idxno=341215#09xr 〈2019년 6월 4일 검색〉

http://news.donga.com/3/all/20190607/95889212/1 〈2019년 6월 8일 검색〉

https://pub.chosun.com/client/news/viw.asp?cate=C01&nNewsNumb=20150918235&nidx=18236 〈2019년 5월 25일 검색〉

http://www.law.go.kr/lsEfInfoP.do?lsiSeq=206693# 〈2019년 1월 31일 검색〉

https://www.ohchr.org/EN/ProfessionalInterest/Pages/RightsOfDisabled

Persons.aspx 〈2019년 1월 31일 검색〉
http://www.law.go.kr/lsEfInfoP.do?lsiSeq=206693# 〈2019년 1월 31일 검색〉
http://www.law.go.kr/lsEfInfoP.do?lsiSeq=199794# 〈2019년 1월 31일 검색〉
http://news.kmib.co.kr/article/view.asp?arcid=0924049924&code=11171222&cp=du 〈2019년 1월 31일 검색〉
http://www.sisters.or.kr/load.asp?subPage=223 〈2019년 1월 31일 검색〉
http://news.khan.co.kr/kh_news/khan_art_view.html?artid=201809161549001&code=940100 〈2019년 1월 31일 검색〉
http://www.nocutnews.co.kr/news/5041598 〈2019년 1월 31일 검색〉
http://www.law.go.kr/LSW/lsEfInfoP.do?lsiSeq=198472# 〈2019년 1월 31일 검색〉
http://program.kbs.co.kr/contents/vod/vod.html?source=episode&sname=vod& stype=vod& program_code=T2018-0339& program_id=PS-2018158398-01000&section_code=05& broadcast_complete_yn=N&local_station_code=00&sec tion_sub_code=05&site_id=8297 〈2019년 1월 31일 검색〉
https://www.huffingtonpost.kr/beminor/story_ b_11310102.html?utm_hp_ref=korea&ir=Korea 〈2019년 1월 31일 검색〉
https://www.yna.co.kr/view/AKR20181130067800009?input=1179m 〈2019년 4월 30일 검색〉
http://www.hani.co.kr/arti/international/europe/880661.html 〈2019년 4월 30일 검색.〉
https://www.youtube.com/watch?v=GQzQQ1rFILQ 〈2019년 5월 1일 검색〉
https://www.youtube.com/ watch?v=CRR-2-HoqtM 〈2019년 5월 1일 검색〉
http://www.hankookilbo.com/News/Read/201412161534143152 〈2019년 5월 1일 검색〉

http://www.yeongnam.com/mnews/newsview.do?mode=newsView&newskey=20121015. 010010756200001 〈2019년 5월 1일 검색〉

http://kostat.go.kr/assist/synap/preview/skin/doc.html?fn=synapview370326_2&rs=/assist/synap/preview 〈2019년 5월 26일 검색〉

https://ko.dict.naver.com/#/entry/koko/c413f4f2bd48406eb455361de527dca0 〈2019년 1월 28일 검색〉

https://ko.dict.naver.com/#/entry/koko/2f4aa7cfc9f541e7ac7ff4e1a1ecfa49 〈2019년 1월 28일 검색〉

https://ko.dict.naver.com/#/search?query=%EB%8C%80%ED%94%84%EB%A6%AC%EC%B9%B4&range=all 〈2019년 1월 31일 검색〉

https://m.post.naver.com/viewer/postView.nhn?volumeNo=17583324&memberNo=25786904&vType=VERTICAL 〈2019년 2월 1일 검색〉

http://news.kbs.co.kr/news/view.do?ncd=4131605&ref=A 〈2019년 2월 19일 검색〉

https://ko.dict.naver.com/#/entry/koko/edf4f37ced2545aeaaf9294703900e87 〈2019년 2월 28일 검색〉

https://terms.naver.com/entry.nhn?docId=433594&cid=60261&categoryId=60261 〈2019년 2월 28일 검색〉

Chapter. 1, Chapter. 2, Chapter. 4, Chapter. 5에 수록된 사진의 출처는 픽사베이pixabay입니다.

미주

01 지구 온난화와 관련해서는 J. Houghton, **지구온난화의 이해**, 정지영, 최성호 역 (서울: 에코리브르, 2018) 참조.

02 Ibid., 53. 호턴은 온실 가스를 다음과 같이 정의한다. "온실 가스란 지구 표면에서 방출된 복사열을 흡수함으로써 온실효과를 내는 대기 중의 가스를 가리킨다."

03 M. Lynas, **6도의 멸종: 기온이 1도씩 오를 때마다 세상은 어떻게 변할까?**, 이한중 역 (서울: 세종서적, 2014). 이상흔, "기온이 1도씩 오를 때마다 세상은 어떻게 변할까?: 지구 기온이 지금보다 3도만 올라도 아마존 우림지대는 사막이 된다." 참조. https://pub.chosun.com/client/news/viw.asp?cate=C01&nNewsNumb=20150918235&nidx=18236 2019년 5월 25일 검색.

04 E. Kolber, **여섯 번째 대멸종**, 이혜리 역 (서울: 처음북스, 2014).

05 동물들의 고통에 대한 고전적인 저서로는 P. Singer, **동물해방**, 김성한 역 (서울: 인간사랑, 1999) 참조.

06 이 물음은 라이프니츠(G. Leibniz)가 제기한 물음이다. 이 물음에 대한 깊은 사유를 담은 책으로는 M. Heidegger, **형이상학 입문**, 박휘근 역 (서울: 문예출판사, 1993).

07 권오식, 유민 편저, **생명의 기원** (대구: 계명대학교 출판부, 2011), 21.

08 김정희, "사회적 고통과 생명감수성," **여성신문**, 1090호, 2010년 7월 9일.

09 장회익, **생명을 어떻게 이해할까?** (파주: 도서출판 한울, 2014), 87-88.

10 L. Margulis and D. Sagan, **생명이란 무엇인가?**, 황현숙 역 (서울: 지호, 1999), 90.

11 진교훈, "생명이란 무엇인가?," **생명윤리** 2, no. 2 (2001): 2-12.

12 Ibid.

13 허라금, "여성주의 관점에서 본 생명," **생명윤리** 2, no. 2 (2001): 47.

14 M. S. Fletcher, **신약성경의 심리학**, 김재현, 구병철, 서윤이 역 (대구: 계명대학교출판부, 2018), 30-45 참조.

15 D. J. Allan, **아리스토텔레스 철학의 이해**, 장영란 역 (서울: 고려원, 1993), 75.

16 G. Agamben, **호모 사케르: 주권 권력과 벌거벗은 생명**, 박진우 역 (서울: 새물결, 2008), 33.

17 F. C. Copleston, **그리스 로마 철학사**, 김보현 역 (서울: 철학과현실사, 1998), 444-445.

18 R. DesCartes, **성찰, 자연의 빛에 의한 진리탐구 프로그램에 대한 주석**, 이현복 역 (서울: 문예출판사, 2006), 115-116.

19 P. Singer, 338.

20 E. Schrödinger, **생명이란 무엇인가?: 물리학자의 관점에서 본 생명현상**, 서인석, 황상익 역 (서울: 한울, 2011), 143.

21 R. Dawkins, **이기적 유전자**, 홍영남 외 역 (서울: 을유문화사, 2010) 참조.

22 I. Yanai and M. Lercher, **유전자 사회: 인간 사회보다 합리적인 유전자들의 세상**, 이유 역 (서울: 을유문화사, 2016), 13. 유전자 사회의 저자들은 도킨스의 이기적 유전자를 읽고 진로를 바꾸게 되었다.

23 J. Lovelock, **가이아: 살아있는 생명체로서의 지구**, 홍욱희 역 (서울: 갈라파고스, 2004) 참조.

24 장회익, **삶과 온생명: 새 과학 문화의 모색** (서울: 솔, 1998) 참조.

25 김춘이, 이인경, 김재현, "생명감수성 인큐베이팅," **2013 학부교육선진화선도대학 교양교과목 개발 지원 사업 결과보고서**, 2013, 99.

26 노희정, "학교폭력 예방을 위한 도덕교육," **초등도덕교육 42** (2013): 66-67.

27 선혜란, "평화감수성을 기르는 전쟁사 수업," (한국교원대학교 대학원 석사학위 논문, 2009) 참조.

28 김은식, "자연보호를 위한 기본적 인식: 20세기 자연생태계관리의 문제 제기," **자생식물** 50 (2000): 10.

29 https://ko.dict.naver.com/#/entry/koko/c413f4f2bd48406eb455361de527dca0 2019년 1월 28일 검색.

30 송인주, "초점: 자연생태계와 인공생태계," **도시문제** 34, no. 368 (1999): 126.

31 Fritjof Capra, **생명의 그물**, 김용정, 김동광 역 (경기: 범양사출판부, 2004), 17-20.

32 Ibid., 22.

33 https://ko.dict.naver.com/#/entry/koko/2f4aa7cfc9f541e7ac7ff4e1a1ecfa49 2019년 1월 28일 검색.

34 장회익, "생명의 단위에 대한 존재론적 고찰," **철학연구** 23 (1988): 92.

35 Ibid., 93-94.

36 장회익은 자유 에너지를 부 엔트로피의 개념으로 활용하고 있는데 이는 그가 인용하여 활용한 슈레딩거의 저서 "생명이란 무엇인가?"의 두 번째 인쇄판에 나오는 내용을 근거로 하고 있다. - Ibid., 94-95. 각주 참조.

37 Ibid., 93-96.

38 Ibid., 97-98.

39 김남수, "보생명과 움벨트 개념 탐색-환경 교육의 관점에서-," **환경철학** 16 (2013): 12-13.

40 윤응진, "생태계 위기극복을 위한 기독교교육의 과제," **기독교교육논총** 36 (2013): 5.

41 장인선, "[카드뉴스] 작지만 치명적인 미세먼지...'심장 · 뇌'건강도 노린다," http://www.k-health.com/news/articleView.html?idxno=42210 2019년 1월 31일 검색.

42 안영인, **시그널, 기후의 경고** (서울: 엔자임헬스(주), 2017), 31.

43 Ibid., 50.

44 황유정, **세계의 환경: 극복해야 할 인류의 과제** (파주: 한국학술정보(주) 이담Books, 2013), 19.

45 바오, 이재은, "중국의 대기오염 실태 분석과 개선 방안," **Crisisonomy** 14, no. 2 (2018): 72, 재인용.

46 https://m.post.naver.com/viewer/postView.nhn?volumeNo=17583324&memberNo=25786904&vType=VERTICAL 2019년 2월 1일 검색.

47 황유정, 241.
48 안영인, 37.
49 황유정, 241–244.
50 바오, 이재은, 72.
51 노진철, "환경문제의 역사: 산업공해, 환경훼손 그리고 환경위험," **한국사회학회 심포지움 논문집** (2008): 64–65.
52 황유정, 133.
53 바오, 이재은, 73.
54 배정환, 김유선, "우리나라 대기오염배출 원인과 저감 정책 효과 분석," **자원 · 환경경제연구** 25, no. 4 (2016): 561.
55 장영기, 송동웅, "국내 대기오염모델링의 현황과 과제," **한국대기보전학회지** 11, no. 1 (1995): 1.
56 박승기, "[뉴스AS] 미세먼지 모른 채 온난화만 따졌다...사기극 된 클린 디젤," http://www.seoul.co.kr/news/newsView.php?id=20181119016002&wlog_tag3=naver 2019년 2월 1일 검색.
57 배정환, 김유선, 561.
58 https://ko.dict.naver.com/#/search?query=%EB%8C%80%ED%94%84%EB%A6%AC%EC%B9%B4&range=all 2019년 1월 31일 검색.
59 안영인, 50–52.
60 Mark Maslin, **기후변화의 정치경제학: 지구온난화를 둘러싼 진실들**, 조홍섭 역 (서울: 한겨레출판사, 2010), 16–24.
61 김종식, 최준호, "우리나라 대기오염물질 배출원 분석에 관한 연구," **환경과학논집** 3 (1998): 97–98.
62 김준형, 엄정섭, "실시간교통정보 이용에 따른 가솔린차량의 온실가스 저감효과 평가," **한국대기환경학회지** 27, no. 4 (2011): 444.
63 김기윤, "지구온난화 논쟁-세계화 속의 과학, 국민국가 그리고 시민사회," **코기토** 68 (2010): 314.
64 WHO 유럽지사, **위기의 지구: 폭염**, 최병철, 김규랑, 김지영 옮김 (서울: 푸른길, 2007), 23–24.
65 이정전, "지구온난화 문제의 이해," **지식의 지평** 6 (2009): 10.
66 Mark Maslin, 117–119.
67 https://ko.dict.naver.com/#/entry/koko/edf4f37ced2545aeaaf9294703900e87 2019년 2월 28일 검색.
68 https://terms.naver.com/entry.nhn?docId=433594&cid=60261&categoryId=60261 2019년 2월 28일 검색.
69 http://news.kbs.co.kr/news/view.do?ncd=4131605&ref=A 2019년 2월 19일 검색.
70 P. Singer, **동물 해방**, 김성한 역 (경기: 연암서가, 2016), 2장 참조.
71 Ibid., 173–174.
72 Ibid., 176–177.
73 송정은, "축산업의 환경적 영향과 한국 환경법의 대응-밀집형가축사육시설을 중심으로-," **환경법연구** 31, no. 1 (2017): 46–47.
74 Peter Singer, **동물 해방**, 김성한 역, 292–293.
75 정인석, **인간중심 자연관의 극복-공생의 자기실현을 위하여-** (서울: 나노미디어, 2005), 24–28.

76 김일방, “데카르트(Rene Descartes)의 자연관: 그 형성배경과 공과 그리고 그 대안,” **환경철학** 23 (2017): 107–109.
77 정인석, 27.
78 박은진, “현대과학의 생명관과 자연관,” **유교사상문화연구** 10 (1998): 7–8.
79 Ibid., 19–23.
80 정인석, 33–34.
81 김광태, “피터 싱어(Peter Singer)의 생명 윤리 소고–‘선호’(Preference)와 ‘인격체’(Person) 개념을 중심으로–,” **생명윤리** 11, no. 2 (2010): 56.
82 Peter Singer, **동물 해방**, 김성한 역, 37–39.
83 Ibid., 42–43.
84 Ibid., 47–48.
85 배국원, “피터 싱어의 생명윤리 사상,” **과학사상** 38 (2001): 112.
86 Peter Singer, 189.
87 Hans Jonas, **책임의 원칙: 기술 시대의 생태학적 윤리**, 이진우 역 (서울: 서광사, 2005), 152.
88 김은철, 송성수, “과학기술시대의 책임윤리를 찾아서: 한스 요나스의 『책임의 원칙』을 중심으로,” 공학교육연구 15. no. 1 (2012): 75. 재인용. (원문 – Jonas, H.(1979). Das Prinzip Verantwortung: Versuch einer Ethik für technologische Zivilisation, Frankfurt am Main: Insel Verlag, 167–179.)
89 Hans Jonas, 179.
90 Ibid., 185–193.
91 이준복, “자연생태계 보호를 위한 법적 연구–멸종위기야생동 · 식물 보호를 중심으로–,” **환경정책연구** 7, no. 4 (2008): 78.
92 2018년 2학기와 2019년 1학기 생명감수성 인큐베이팅 수업 시 발표자료 중에서 일부를 직접 혹은 약간의 수정을 하여 발췌 함. (1) 수질보호 (2) 대기보호를 위한 실천 방안은 2018년 2학기 수업 팀발표자료 중 (3) 동물보호는 2019년 1학기 수업 팀발표자료 중에서.
93 조주현, “생명정치, 벌거벗은 생명, 페미니스트 윤리,” **한국여성학** 24, no. 4 (2008): 35–64.
94 G. Agamben, **호모 사케르: 주권 권력과 벌거벗은 생명**, 박진우 옮김 (서울: 새물결, 2008), 84.
95 Iris M. Young, *Justice and the Politics of Difference* (Princeton: Princeton University Press, 1990), 40.
96 Ibid., 48–63.
97 양명수, “폭력적 문명과 생명 경시,” **기독교사상** 519 (2002): 70–82.
98 http://www.sisters.or.kr/load.asp?subPage=223 2019년 1월 31일 검색.
99 http://www.law.go.kr/LSW/lsEfInfoP.do?lsiSeq=198472# 2019년 1월 31일 검색.
100 여가부, 한국양성평등교육진흥원, “가정폭력 예방교육 표준강의안 2.0 강사지침서–유자녀가정 대상,” (2016): 26.
101 Ibid., 49.
102 Ibid., 27의 표를 재구성함
103 박종철, **교실 평화 프로젝트** (서울: 양철북, 2013), 39.
104 노희정, 57.
105 Ibid.

106 이인경, **여성 · 신학 · 윤리** (서울: 도서출판 동연, 2013), 169-170.
107 연세대학교 언어정보개발연구원 편, **연세 한국어 사전** (서울: 두산동아, 1998), 178.
108 Iris M. Young, 40.
109 http://news.kmib.co.kr/article/view.asp?arcid=0924049924&code=11171222&cp=du 2019년 1월 31일 검색.
110 http://news.khan.co.kr/kh_news/khan_art_view.html?artid=201809161549001&code=940100; http://www.nocutnews.co.kr/news/5041598 2019년 1월 31일 검색.
111 http://www.law.go.kr/lsEfInfoP.do?lsiSeq=206693# 2019년 1월 31일 검색.
112 https://www.ohchr.org/EN/ProfessionalInterest/Pages/RightsOfDisabledPersons.aspx 2019년 1월 31일 검색.
113 이동희, "장애에 대한 이분법적 시선과 담론의 극복," **정신문화연구** 37, no. 4 (2014): 167.
114 http://www.law.go.kr/lsEfInfoP.do?lsiSeq=206693# 2019년 1월 31일 검색.
115 http://www.law.go.kr/lsEfInfoP.do?lsiSeq=199794# 2019년 1월 31일 검색.
116 이동희, 165.
117 이동석, "장애인 인권 현황 및 정책과제," **보건복지포럼** 247 (2017): 38.
118 http://program.kbs.co.kr/contents/vod/vod.html?source=episode&sname=vod&stype=vod& program_code=T2018-0339&program_id=PS-2018158398-01-000&section_code=05&broadcast_complete_yn=N&local_station_code=00&section_sub_code=05&site_id=8297; https://www.huffingtonpost.kr/beminor/story_b_11310102.html?utm_hp_ref=korea&ir=Korea 2019년 1월 31일 검색.
119 진상범, 김형민, "디지털 영상매체와 게임 콘텐츠를 활용한 상호문화교육 교수-학습 프로그램 개발의 필요성에 대한 이론적 검토," **한국컴퓨터게임학회논문지** 27, no. 1 (2014): 10.
120 http://kostat.go.kr/assist/synap/preview/skin/doc.html?fn=synapview370326_2&rs=/assist/synap/preview 2019년 5월 26일 검색.
121 최봉도, "구약의 다문화 감수성: 내 인생에 나 그리고 함께," 기독교의이해 교재편찬위원회, **기독교와 대화하기** (대구: 계명대학교출판부, 2018). 최봉도는 난민을 이주민에 포함시켰지만, 필자는 따로 구분하였다.
122 유시민, **국가란 무엇인가** (파주: 돌베개, 2017), 69-71.
123 전정윤, "법 말고 사람을 보라," http://h21.hani.co.kr/arti/cover/cover_general/46950.html 2019년 4월 30일 검색.
124 노희정, 53-72. 노희정은 인권감수성을 네 가지로 정리했으나, 필자는 노희정의 인권감수성을 기초로 하여 다섯 가지로 제시하였다.
125 선혜란.
126 김병연, "평화교육 교수학습체계에 관한 연구," **윤리철학교육** 15 (2011): 55-78.
127 이재원 외 지음, **소셜픽션: 지금 세계는 무엇을 상상하고 있는가** (서울: 어크로스, 2014).
128 https://www.youtube.com/watch?v=GQzQQ1rFILQ; https://www.youtube.com/watch?v=CRR-2-HoqtM 2019년 5월 1일 검색.
129 http://www.hankookilbo.com/News/Read/201412161534143152 2019년 5월 1일 검색.
130 http://www.yeongnam.com/mnews/newsview.do?mode=newsView&newsk

ey=20121015. 010010756200001 2019년 5월 1일 검색.

131 강남순, **코즈모폴리터니즘과 종교** (서울: 새물결플러스, 2015), 157–199. 강남순은 현재와 같은 국민국가의 단위에서는 무조건적이고 절대적인 환대가 실현되기 힘들다고 본다. 국가적 차원의 환대는 조건적이고 상대적일 수밖에 없기 때문이다. 강남순은 무조건적 환대와 조건적 환대의 거리를 좁히기 위한 '환대의 신학'을 주장한다.

132 https://www.yna.co.kr/view/AKR20181130067800009?input=1179m 2019년 4월 30일 검색; http://www.hani.co.kr/arti/international/europe/880661.html 2019년 4월 30일 검색.

133 문화체육관광부는 다양한 문화시설을 쉽게 즐길 수 있도록 매달 마지막 수요일을 '문화가 있는 날'로 지정해 전국 주요 국 · 공립 박물관, 미술관, 고궁 등을 무료로 관람할 수 있는 등의 각종 행사를 진행하고 있다. '문화가 있는 날'은 2014년 1월 29일 처음으로 시행되었다.

134 J. Story, **문화연구와 문화이론**, 박 모 역 (서울: 현실문화연구, 1999), 13.

135 정철현, **문화연구와 문화정책** (서울: 서울경제경영, 2005), 203–204.

136 백종현, **철학의 주요개념–철학 텍스트들의 내용 분석에 의거한 디지털 지식 자원 구축을 위한 기초적 연구–** (서울: 서울대학교철학사상연구소, 2004), 403.

137 이흥재, **문화예술정책론** (서울: 박영사, 2005), 3–4.

138 김옥랑, 백선기, **문화예술 공간과 문화연구: 동숭아트센터의 역사, 문화, 수용** (경기: 한울 아카데미, 2004), 29.

139 E. Tyler, *Primitive Culture* (London: John Murray, 1871).

140 Elaine Baldwin 외 4명, **문화 코드, 어떻게 읽을 것인가?**, 조애리 외 7명 옮김 (경기: 한울아카데미, 2011), 27.

141 김중순, **문화를 알면 경영전략이 선다** (서울: 일조각, 2001), 59–60.

142 정철현, 206.

143 이재현, **인터넷과 사이버사회** (서울: 커뮤니케이션북스, 2000).

144 조희정, "청소년 사이버 불링의 현황과 대책, 이슈와 논점," **국회입법조사**, 2012.

145 N. Willard, *Cyberbullying and cyber threats: Responding to the challenge of online social aggression, threats, and distress* (Champaign, IL: Reseafch Press, 2006).

146 김영희, "사이버불링 가, 피해 경험과 중학생의 사회성 및 학교생활적응과의 관계: 공감과 자기 통제력의 매개효과," (서강대학교 교육대학원 석사학위논문, 2016).

147 한국정보화진흥원, **학교폭력 2.0. 사이버불링 실태와 해법 세미나 자료집** (2013): 44–45.

148 맹용길, "기독교 신앙과 대중문화," 임성빈 편, **현대문화의 한계를 넘어서** (서울: 예영커뮤니케이션, 1997), 40.

149 Ibid., 40–45.

150 최인섭 외, "한국사회의 폭력에 대한 연구: 진단과 처방," **형사정책연구원 연구총서** (2003): 95–99.

151 종합유선방송위원회, **TV폭력의 양태와 제도적 규제방안 연구** (1995): 3.

152 이문웅, "폭력의 사회문화적 배경에 관한 탐색적 고찰," **형사정책연구** 7 (1991): 208.

153 종합유선방송위원회, 3.

154 G. Gerbner, et al, "Aging with television: Images on television drama and conceptions of social reality," *Journal of Communication* 30, no. 1 (1980): 37–47.

155 https://www.sciencetimes.co.kr/?news 2019년 6월 2일 검색.

156 주혜윤, "인터넷 중독 청소년의 자기 효능감 향상을 위한 즉흥연주 사례연구," (이화여자대학교 교육대학원 석사학위논문, 2009).

157 강선경 외, "인터넷 중독 청소년들이 경험한 가상공간의 의미와 본질에 대한 연구," **청소년복지연구** 18, no. 2 (2016): 41–64.

158 강희양, "청소년의 인터넷 중독과 게임중독에 대한 사회적 자기조절 모형 탐색 및 자존감 향상 인지행동치료의 효과," (전북대학교 대학원 석사학위논문, 2008).

159 신성만 외, **인터넷 중독 평가와 치료를 위한 지침서** (서울: 시그마 프레스, 2013).

160 박승민 외, **청소년 인터넷 중독의 이해** (서울: 학지사, 2015).

161 조정희, "인터넷 중독 성향 초등학생에 대한 집단표현 예술치료의 효과," (명지대학교 대학원 석사학위논문, 2013).

162 신연주, "초등 저학년 인터넷 중독 예방을 위한 자기조절능력 향상 집단 프로그램 개발," (한남대학교 대학원 석사학위논문, 2009).

163 안미영, "청소년의 컴퓨터경험과 자기 개념 및 자기 통제력과의 관계," (카톨릭대학교 대학원 석사학위논문, 2002).

164 정호선, 박경, "인터넷 중독 초등학생의 특성에 관한 선행연구 고찰," **심리치료: 다학제적접근** 9, no. 1 (2009): 27–46.

165 G. M. Chen & W. J. Starosta, "The development and validation of the intercultural sensitivity scale," *Human communication* 3 (2000): 1–15.

166 M. J. Bennett, "Towards ethnorelativism : A developmental model of intercultural sensitivity," In R. M. Paige (Ed.), *Education for the intercultural experience* (1993): 21 – 71. Yarmouth, ME : Intercultural Press.

167 D. P. S. Bhawuk & R. Brislin, "The measurement of intercultural sensitivity using the concepts of individualism and collectivism," *International Journal of Intercultural Relations* 17 (1992): 413–436.

168 J. M. Ward, "The relationship of preservice teachers' cross–cultural experiences with their beliefs about teaching diverse students," Unpublished doctoral dissertation (Manhattan: Kansas State University, 1996).

169 L. C. West, *Evaluation the Intercultural Sensitivity Scale With Counselors in International Schools* (Virginia: Regent University, 2009).

170 https://www.happyalliance.org/ 행복 얼라이언스 공식 홈페이지

171 http://www.gnnews.co.kr/news/articleView.html?idxno=341215#09xr 2019년 6월 4일 검색.

172 http://news.donga.com/3/all/20190607/95889212/1 2019년 6월 8일 검색.

173 A. Comte–Sponville 외, **아무도 정확히 모르는 것에 관하여: 철학 · 종교 · 역사, 행복을 말하다**, 이소영 역 (서울: 생각연구소, 2012) 참조.

174 이기상, "생명의 진리와 생명학: 지구 생명시대의 생명문화 공동체," **해석학 연구** 22 (2008): 267–303.

175 현경, **미래에서 온 편지: 지구 살림 민병대 여성 전사들에게 보내는 여신의 십계명** (서울: 열림원, 2011).

176 박수정, 채희선, "생리대 없이 생리를 견디는 여성 노숙인들," http://news.sbs.co.kr/news/endPage.do?news_id=N1004668747 2019년 5월 12일 검색.

저자 소개

가나다 순

김재현
계명대학교 Tabula Rasa College 교수로 재직 중이다. 계명대학교에서 박사학위를 받았다. 신약성서학, 철학, 고전독서 등의 주제에 관심을 가지고 연구하고 있다.

김춘이
계명대학교 Tabula Rasa College 교수로 재직 중이다. 계명대학교에서 박사학위를 받았다. 기독교 상담, 장애인, 인성 교육 등의 주제에 관심을 가지고 연구하고 있다.

이인경
계명대학교 Tabula Rasa College 교수로 재직 중이다. 연세대학교에서 박사학위를 받았다. 다문화 · 다종교사회에서 다름과 차이의 존중, 공감 등의 주제에 관심을 가지고 연구하고 있다.

허선호
계명대학교 Tabula Rasa College 교수로 재직 중이다. 계명대학교에서 박사학위를 받았다. 예수의 사랑, 인간의 정신세계, 심리치료, 문화, 사회복지 등의 주제에 관심을 가지고 연구하고 있다.